DEUTSCHE AKADEMIE DER WISSENSCHAFTEN ZU BERLIN
VORTRÄGE UND SCHRIFTEN
HEFT 66

PAUL GÖRLICH

EINHUNDERT JAHRE WISSENSCHAFTLICHE SPEKTRALANALYSE

HANS JANCKE

STAND UND ENTWICKLUNG IN DER SPEKTROSKOPIE

Mit 20 Abbildungen

AKADEMIE-VERLAG · BERLIN
1960

Erschienen im Akademie-Verlag GmbH, Berlin W 1, Leipziger Straße 3-4

Lizenz-Nr. 202 · 100/708/60
Satz, Druck und Bindung: IV/2/14 · VEB Werkdruck Gräfenhainichen · 1208
Bestellnummer: 2003/66
Preis: DM 4,80
Printed in Germany
ES 18 B 5

Die Deutsche Akademie der Wissenschaften zu Berlin gedachte am 27. Mai 1959 in einer akademischen Feierstunde der 100-jährigen Wiederkehr der Entdeckung der wissenschaftlichen Spektroskopie durch Robert Bunsen und Gustav Robert Kirchhoff. In dieser Feierstunde wurden nach einleitenden Worten durch den Herrn Präsidenten der Deutschen Akademie der Wissenschaften zu Berlin, Werner Hartke, die beiden folgenden Festvorträge gehalten

Paul Görlich

Einhundert Jahre wissenschaftliche Spektralanalyse

Noch nicht zwei Wochen sind vergangen, daß unsere Akademie eines ihrer hervorragendsten Mitglieder, Alexander von Humboldts, anläßlich seines 100. Todestages in einer feierlichen Sitzung ehrenvoll gedenken konnte und abermals können wir ein Blatt im Buche der Geschichte unserer Akademie aufschlagen, auf dem Taten von zwei unserer Mitglieder, Bunsen und Kirchhoff, vermerkt sind, Taten, die unvergänglich aus der Mitte des 19. Jahrhunderts leuchten. Bunsen wurde am 19. März 1846 korrespondierendes und am 3. März 1862 auswärtiges Mitglied und Kirchhoff am 24. Oktober 1861 korrespondierendes, am 1. Juni 1870 auswärtiges und am 1. April 1875 ordentliches Mitglied unserer Akademie. Zur damaligen Zeit gab es noch „auswärtige" Mitglieder, und nur diejenigen, die in Berlin ansässig waren, konnten „ordentliche" Mitglieder werden.

Die Monatsberichte der Königlichen Preußischen Akademie der Wissenschaften zu Berlin enthalten den Hinweis, daß Herr Du Bois-Reymond am 20. Oktober 1859 eine Mitteilung von Herrn Prof. Kirchhoff über die Fraunhofer'schen Linien vorgelegt hat. Diese Mitteilung beginnt im Originaltext mit dem folgenschweren Satz: „Bei Gelegenheit einer noch nicht veröffentlichten, von Bunsen und mir in Gemeinschaft ausgeführten Untersuchung über die Spectren farbiger Flammen, durch welche es uns möglich geworden ist, die qualitative Zusammensetzung complicirter Gemenge aus dem Anblick des Spectrums ihrer Löthrohrflamme zu erkennen, habe ich einige Beobachtungen gemacht, welche einen unerwarteten Aufschluß über den Ursprung der Fraunhofer'schen Linien geben und zu Schlüssen berechtigen von diesen auf die stoffliche Beschaffenheit der Atmosphäre der Sonne und vielleicht auch der helleren Fixsterne."

Abb. 1 Robert Wilhelm Bunsen

In diesem nunmehr einhundert Jahre alten Satz kommt unmißverständlich zum Ausdruck, daß eine neue Methode entdeckt wurde, die als Analysenmethode Anwendung finden kann. Diese neue Methode trägt erst seit dieser Zeit zu Recht die Bezeichnung Spektralanalyse, weil erstmals frei von jeder Spekulation und von Vermutungen Beweise für das Fundament dieser Methode erbracht waren.

Der Satz sagt weiter aus, daß sich ein einzigartiges Forscherpaar zu fruchtbarster wissenschaftlicher Arbeit zusammengefunden hatte, der experimentell tätige Chemiker Robert Wilhelm Bunsen (Abb. 1) und der theoretisch interessierte Physiker Gustav Robert Kirchhoff (Abb. 2). Die durch dieses Zusammenfinden so hervorragender Forscher gebildete Verbindung zwischen Experiment und Theorie führte zu naturwissenschaftlichen Erkenntnissen, die sicher zu den glanzvollsten des 19. Jahrhunderts zu zählen sind.

Bunsen, 1811 in Göttingen geboren, lernte den um 13 Jahre jüngeren Kirchhoff 1851 in Breslau kennen. Kirchhoff hatte sich an der dortigen Universität mit einem Ordinarius für Physik in die Direktion des Physikalischen Institutes zu teilen und fühlte sich in dieser Position nicht eben glücklich und zufrieden. Im Mai 1851 konnte Kirchhoff jedoch an seine Mutter berichten: „Mein Aufenthalt in Breslau ist mir neuerdings angenehmer geworden durch die Besetzung der Professur der Chemie, die durch den Tod schon vor $^3/_4$ Jahren erledigt worden war. Zu Anfang des Semesters kam der neue Chemiker Prof. Bunsen, früher in Marburg, hier an; über seine Berufung freue ich mich ungemein, weil ich in ihm einen ausgezeichneten Fachgenossen erhalten habe und weil er ein Mensch von ungewöhnlicher Liebenswürdigkeit ist.“ Zum Leidwesen Kirchhoffs übernahm Bunsen, mit dem sich Kirchhoff bald freundschaftlich verbunden fühlte, bereits 1852 die Professur für Chemie in Heidelberg; aber schon 1854 gelang es Bunsen, Kirchhoff ebenfalls nach Heidelberg nachzuziehen. Dieser letzte Sachverhalt geht aus einem Brief Bunsens an Kirchhoff aus dem Jahre 1854 hervor, in dem es heißt: „Die gestrige Fakultätssitzung ist auf eine in den Annalen der Fakultät noch nicht dagewesene Weise verlaufen. Sie sind nämlich einstimmig und allein von der Fakultät zum Nachfolger Jolly's vorgeschlagen worden.“ Kirchhoff nahm den Ruf an und vom Dezember 1854 ab konnte man in Heidelberg die beiden Freunde, Bunsen und Kirchhoff, häufig in wissenschaftliche Gespräche vertieft auf Spaziergängen beobachten, ein ohne Zweifel merkwürdiger und ins Auge fallender Anblick, der kleine, fast zierlich zu nennende Kirchhoff neben dem großen und breitschultrigen Bunsen mit hohem Zylinderhut. Sie pflegten, sich vornehmlich an Sommerabenden am Neckar zu ergehen und mögen dem Zauber der einzigartigen und schönen Neckarstadt mit der altehrwürdigen Ruperta Carolina ganz hingegeben gewesen sein. Fünf Jahre, nachdem Kirchhoff dem Heidelberger Ruf folgend, dorthin übersiedelt war, gelang den Freunden ihr gemeinsames Werk, die wissenschaftliche Begründung der Spektralanalyse.

Abb. 2 Gustav Robert Kirchhoff

Zwei Monate verstrichen, als jener eingangs erwähnten Akademie-Mitteilung eine zweite (es war am 11. Dezember 1859) folgte. Du Bois-Reymond legte wieder eine Mitteilung von Kirchhoff vor, diesmal betitelt: Über den Zusammenhang zwischen Emission und Absorption von Licht und Wärme. Die Mitteilung beginnt mit dem Absatz: „Vor einigen Wochen habe ich die Ehre gehabt der Akademie eine Mitteilung über einige Beobachtungen zu machen, die mir namentlich deshalb von Interesse zu sein schienen, weil sie Schlüsse

Abb. 3 Emil Du Bois-Reymond

über die chemische Beschaffenheit der Sonnenatmosphäre ermöglichen. Von diesen Beobachtungen ausgehend bin ich jetzt durch eine sehr einfache theoretische Betrachtung zu einem allgemeinen Satze gelangt, der mir in vielfacher Beziehung von Wichtigkeit zu sein scheint, und den ich deshalb mir erlaube der Akademie vorzulegen. Er spricht eine Eigenschaft aller Körper aus, die sich auf die Emission und Absorption von Wärme und Licht bezieht."

Die Mitteilung enthält in der Tat das nach Kirchhoff benannte Gesetz, welchem die theoretische Physik heute Ausdruck verleiht in der Formulierung: Das Verhältnis von Emissions- und Absorptionsvermögen eines Körpers ist gleich der Strahlungsflußdichte (Flächenhelligkeit) im anschließenden diathermanen Medium.

Die zweite Akademie-Mitteilung vom 11. Dezember 1859 berichtet aber darüber hinaus noch über einen neuen Erfolg der spektralanalytischen Untersuchungen der Sonnenatmosphäre. Der diesbezügliche Originaltext lautet nämlich: „Nach den Untersuchungen von Wheatstone, Masson, Angström und anderen weiß man, daß im Spectrum eines elektrischen Funken helle Linien sich zeigen, die von der Natur der Metalle abhängig sind, zwischen denen der Funke überspringt, und man kann annehmen, daß diese Linien übereinstimmen mit denjenigen, die in dem Spectrum einer Flamme von sehr hoher Temperatur sich bilden würden, wenn man in diese dasselbe Metall in passender Form brächte. Ich habe den grünen Theil des Spectrums des elektrischen Funkens zwischen Eisenelektroden untersucht und in diesem eine große Zahl von hellen Linien gefunden, die mit dunklen Linien des Sonnenspectrums zu coincidiren scheinen. Bei einzelnen Linien ist die Coincidenz wohl kaum mit Sicherheit zu constatiren; aber ich habe dieselbe bei vielen Gruppen zu sehen geglaubt und zwar in der Weise, daß den helleren Linien im Funkenspectrum die dunkleren im Sonnenspectrum entsprachen; hieraus glaube ich schließen zu dürfen, daß diese Coincidenzen nicht nur scheinbare waren. Wurde der Funke zwischen anderen Metallen, z. B. zwischen Kupferelektroden, gebildet, so fehlten diese hellen Linien. Ich halte mich für berechtigt, hieraus den Schluß zu ziehen, daß unter den Bestandtheilen der glühenden Sonnenatmosphäre sich Eisen befindet, einen Schluß, der übrigens sehr nahe liegt, wenn man das häufige Vorkommen des Eisens in der Erde und in den Meteorsteinen bedenkt."

In der Festschrift der Heidelberger Universität zur Zentenarfeier ihrer Erneuerung durch Karl Friedrich aus dem Jahre 1903 findet man den Hinweis, daß englische Physiker die Erklärung der Fraunhofer'schen Linien und deren Anwendung auf die Chemie der Sonne ihrem Landsmanne Stokes zugeschrieben hatten. Stokes soll diesen Gedankenkomplex W. Thomson (Lord Kelvin) gegenüber erstmals geäußert haben. Kirchhoff wußte nichts über derartige oder ähnliche Andeutungen Stokes, fühlte sich aber, nachdem er davon Kenntnis erhielt, veranlaßt, in Poggendorffs Annalen Bd. 118 im Jahre 1862 zur Geschichte der Spektralanalyse und der Analyse der Sonnenatmosphäre Stellung zu nehmen, um seine Prioritätsansprüche zu wahren. Stokes selbst hat sich zu dieser Angelegenheit in einem offenen Briefe in sehr vornehmer Weise erklärt: „I have never attempted to claim for myself any part of Kirchhoffs admirable discovery, and cannot help thinking, that some of my friends have been over zealous in my cause."

In den der Akademie vorgelegten Mitteilungen werden von Kirchhoff Namen von Forschern genannt (Fraunhofer, Drummond, Brewster, Wheatstone, Masson und Angström), aus deren Arbeiten und Erkenntnissen Bunsen und Kirchhoff für ihre speziellen Forschungen ohne Zweifel Nutzen gezogen hatten. Es ergibt sich die Frage, ob und wieweit die Vorläufer Bunsens und Kirchhoffs an der Begründung der Spektralanalyse als Beteiligte angesehen werden müssen. Niemals werden Forscher ohne Einfluß der Umwelt, unabhängig von der Kenntnis der Notwendigkeiten, unabhängig von der Kenntnis des Standes ihrer Wissenschaft und frei vom Denken ihrer Vorgänger eine fundamentale naturwissenschaftliche Entdeckung, Errungenschaft oder Methode anzugeben vermögen. Es ist daher abzugrenzen, durch welche zusätzlichen Gedanken und Erkenntnisse ein Forscher bzw. ein Forscherkollektiv die Nutzung des Gedanken- und Erfahrungsgutes seiner Vorgänger in einer neueu Richtung fruchtbar werden ließ. Die Physik, wenn wir uns, um uns abzugrenzen, nur auf diese exakte Naturwissenschaft beziehen wollen, ist eine kollektive Tätigkeit, wie Born im vergangenen Jahre einmal kurz formuliert hat. Speziell auf die, wie Kayser, ein Schüler Kirchhoffs, in seinem „Handbuch der Spectroscopie" aus dem Jahre 1900 auf Grund einer ausführlichen Betrachtung der Geschichte der Spektroskopie unter sorgfältiger Abwägung der Beiträge zahlreicher Forscher, unter denen sich solche gewichtigen Namen wie Talbot, Foucault und Fizeau befinden, nachgewiesen hat, tatsächlich von Bunsen und Kirchhoff begründete Spektralanalyse angewandt ergibt sich die Tatsache, daß der Gedanke, die Flammenspektren könnten möglicherweise als Mittel der chemischen Analyse zu benutzen sein, bereits lange vor Bunsen und Kirchhoff ausgesprochen worden war. Schon im 18. Jahrhundert war bekannt, daß zwischen der Farbe von Flammen und der Natur gewisser darin verflüchtigender Körper Beziehungen bestehen müssen und Herschel äußerte bereits 1822 die Meinung, daß es möglich sein sollte, aus der Beschaffenheit des Spektrums einer Flamme auf die Anwesenheit von Substanzen geringster Mengen zu schließen, die mittels chemischer Analyse nur höchst mühevoll zu bestimmen wären. Während man die ersten Spuren der Absorptionsspektralanalyse bei Brewster 1820 schon angedeutet findet, darf man das Auftauchen der Emissionsspektralanalyse vornehmlich erst mit dem Jahre 1834 mit Talbot's Beobachtungen der Lithium- und Strontiumflammenfärbungen datieren. Aber die Chemiker sahen sich keineswegs veranlaßt, die sehr umständlichen und zudem auf vielen Vermutungen basierenden Spektraluntersuchungen zur chemischen Analyse anzuwenden und diese etwa den viel einfacheren „nassen Analysen" gegenüber vorzuziehen. Die Wheatstone'schen um das Jahr 1835 gewonnenen Erkenntnisse, ebenso die Masson'schen sehr sorgfältigen Experimente, sowie die um 1855 von Angström auf Grund seiner Untersuchungen aufgestellten Behauptungen hat Kirchhoff in seiner Akademiemitteilung voll gewürdigt. Über die Arbeiten Wheatstone's, Masson's und Angström's darf man jedoch vor allem nicht die 1857 veröffentlichten, sehr interessanten Experimente von Swan zu erwähnen vergessen. Swan schrieb die in fast allen von ihm untersuchten Spektren der Kohlenwasserstoffverbindungen auftretende gelbe Linie den in der Natur weit verbreiteten Natriumverbindungen zu. Letztere Behauptung war deswegen bedeutungsvoll, weil über die Herkunft der gelben Linie merkwürdige Vorstellungen existierten, z. B. jene, daß die gelbe Linie vom Wassergehalt eines Stoffes oder von der Verbrennung von Schwefel herrühre. Ein kritisches Studium der einschlägigen Literatur, die zeitlich vor den Akademiemitteilungen Kirchhoffs liegt, zeigt mit voller Deutlichkeit, daß man wohl vermuten konnte, mit großer Wahrscheinlichkeit sei der Nachweis bestimmter Bestandteile in einem Stoff mit Hilfe eines Emissionsspektrums dieses in Gas -oder Dampfform überführten und zum Leuchten angeregten Stoffes möglich, den endgültigen Beweis dafür aber erbrachten in voller Wirksamkeit Bunsen und Kirchhoff durch ihre Experimente und ihre theoretischen Überlegungen. Wenn es noch eines Nachweises bedürfe, um die Gründlichkeit und Vorsichtigkeit, mit der Kirchhoff und Bunsen den Beweis erbrachten und damit die Spektralanalyse auf einen sicheren, wissenschaftlich fundierten Boden stellten, so kann die Betrachtung Kirchhoffs über die Wahrscheinlichkeit der Zufallskoinzidenzen der damals bekannten 60 Linien des Eisens mit den Fraunhofer'schen Linien dazu herangezogen werden, die in einer der Akademie am 11. Juli 1861 von Magnus vorgelegten Mitteilung Kirchhoffs enthalten ist, oder aber die quantitative Messung der Nachweisgrenze der Natriummenge in der Flamme durch Bunsen, über die Ostwald in seiner Gedenkrede über Bunsen auf der VIII. Hauptversammlung der Deutschen Elektrochemischen Gesellschaft zu Freiburg i. B. am 18. April 1901 so begeisternd sprach, daß man sehe, „wie der Zauberstab quantitativer Messungen die Wirkung hat, den Forscher aus dem Gewirre unsicherer Möglichkeiten auf den sicheren Boden übersehbarer Tatsachen zu geleiten.“ Wir dürfen mit vollem Recht Bunsen und Kirchhoff als die Begründer der Spektralanalyse, exakter ausgesprochen der wissenschaftlich fundierten Spektralanalyse, bezeichnen.

Bunsen und Kirchhoff wußten den Wert ihrer neuen Methode durchaus abzuschätzen. Wir können diese Tatsache zwei Veröffentlichungen entnehmen, die in Poggendorffs Annalen Band 110 aus dem Jahre 1860 und Band 113 aus dem Jahre 1861 unmittelbar den beiden Akademiemitteilungen folgend zu finden sind. Ostwald hat beide Arbeiten in seiner bekannten Serie „Ostwalds Klassiker der exakten Wissenschaften“ unter Nr. 72 im Jahre 1895, also 35 Jahre nach ihrem Erscheinen nachdrucken lassen mit der Bemerkung, daß die beiden Abhandlungen in jedem Sinne klassisch zu nennen seien und daß „ihre unmittelbare belehrende und erziehliche Bedeutung bis auf den heutigen Tag noch keineswegs erschöpft“ sei. Wenn die beiden Akademiemitteilungen im wesentlichen den Geist Kirchhoffs tragen und seiner Feder entsprungen sind, so müssen wir die beiden Poggendorff-Abhandlungen vornehmlich Bunsen zuschreiben. Betrachten müssen wir aber das Gesamtwerk, die neue Methode, als eine gemeinsame Leistung des Forscherpaares.

Der Inhalt der beiden Poggendorff-Abhandlungen muß als so umfassend und weitgehend angesehen werden, daß noch in unserer Zeit eine zusammenfassende Darstellung der Spektralanalyse mit guter Begründung von Bunsen und Kirchhoff ausgehen muß. Allein schon der Titel der Abhandlungen „Chemische Analyse durch Spektralbeobachtungen“ deutet in allgemeinster Form die aufgeworfene Problematik an. Die schwerwiegenden und hauptsächlichsten Erkenntnisse und Hinweise, die den Abhandlungen zu entnehmen sind, lassen sich in kurzer Form umreißen: Offenbart ist

1. die Verwendung der Emissionsspektren zum Nachweis der Elemente und von Verbindungen,
2. die Verwendung der Absorptionsspektren zum gleichen Zweck,
3. die Entdeckung zweier neuer Alkalimetalle, des Cs und des Rb,
4. die Möglichkeit der Spektralanalyse von Sternspektren,
5. die apparative Ausrüstung zur Durchführung der neuen Methode,
6. der Hinweis auf die Verwendung zur (wie wir uns heute ausdrücken) spektroskopischen Betriebskontrolle und
7. das Verfahren, chemisch anzureichern und spektroskopisch die Konzentration zu bestimmen.

Die Vorzüge, die die Spektralanalyse besitzt, sind in den Poggendorff-Abhandlungen weitgehend zum Ausdruck gebracht, die Eindeutigkeit des Nachweises, die Gleichzeitigkeit des Nachweises mehrerer Elemente, die große analytische Nachweisempfindlichkeit und die Schnelligkeit, mit der der Nachweis möglich ist.

Über die Entdeckung der beiden Alkalimetalle Cs und Rb lassen wir Kirchhoff und Bunsen noch einmal selbst sprechen, dabei aufmerkend, wie reichhaltig nur diese wenigen Sätze allein die Vorzüge der Spektralanalyse kennzeichnen: „Die Leichtigkeit, mit welcher der nur einige Tausendstel eines Milligramms betragende, noch dazu mit Lithion-, Kali- und Natron-Verbindungen gemischte Stoff an dem blauen Lichte seines glühenden Dampfes als ein neuer und einfacher erkannt werden konnte, wird es wohl berechtigt erscheinen lassen, wenn wir für denselben den Namen Caesium mit dem Symbol Cs vorschlagen, von caesius, welches bei den Alten vom Blau des heiteren Himmels gebraucht wird. (Hier ist in einer Fußnote angemerkt: Bei Aul. Gell. Noctes Atticae II, 26 nach Nigidius Figulus: Nostris autem veteribus caesia dicta est, quae a Graecis γλαυκῶπις, ut Nigidius ait, de colore coeli quasi coelia.)

Behandelt man sächsischen Lepidolith nach einer der bekannten Methoden, durch welche die Alkalien von den übrigen Bestandteilen getrennt für sich in Lösung gehalten werden, und fällt man eine solche Lösung durch Platinchlorid, so entsteht ein reichlicher Niederschlag, der, im Spectralapparat geprüft, nur Kaliumlinien erkennen läßt. Wird dieser Niederschlag wiederholt mit kochendem Wasser ausgezogen und zwischendurch im Spectralapparate geprüft, so zeigen sich zwei neue prachtvolle violette Linien auf dem allmählich an Helligkeit abnehmenden Grunde des continuirlichen Kalispectrums zwischen der Strontiumlinie Sr δ und der Kaliumlinie Ka β. Diese neuen Linien nehmen in dem Maße, als die Extractionen fortgesetzt werden, an Intensität zu, indem sich allmählich noch eine Anzahl neuer im Roth, Gelb und Grün ihnen hinzugesellt. Keine dieser Linien gehört einem der bisher bekannten Elemente an. Unter denselben sind besonders zwei rothe dadurch merkwürdig, daß sie noch jenseits der Fraunhofer'schen Linie A oder der mit dieser zusammenfallenden Linie Ka β, also im alleräußersten Roth des Sonnenspectrums liegen. Wir schlagen daher für dieses Alkalimetall, mit Beziehung auf jene besonders merkwürdigen dunkelrothen Spectrallinien, die Benennung Rubidium vor mit dem Symbol Rb, von rubidus, welches von den Alten für das dunkelste Roth gebraucht wird." (Wiederum weist eine Fußnote auf den Ursprung des gewählten Symbols hin: Aul. Gellius. Noct. Atticae II, 26. Rubidus autem est rufus atrior et nigrore multo inustus.)

Es bedurfte keiner geraumen Zeit, daß sich sowohl die Physik als auch die Chemie dieser wunderbaren Methode bemächtigten und daß das Auffinden neuer Elemente bekanntgegeben werden konnte. Das wegen seiner grünen Linie im Spektrum Thallium genannte Element entdeckte Crookes ganz kurze Zeit nach dem Erscheinen der zweiten Poggendorff-Abhandlung. 1863 erkannten Reich und Richter in Freiburg an der indigoblauen Linie ein neues Element, das den Namen Indium erhielt. Mit Hilfe der Spektralanalyse wies Janssen 1868 ein neues Element, Helium, auf der Sonne nach und nachdem bis zum Jahre 1880 noch die Elemente Scandium und Gallium spektralanalytisch entdeckt worden waren, konnten mit derselben Methode das Argon und die übrigen Edelgase in der Luft von Rayleigh und Ramsay festgestellt werden. Besonders beeindruckt war „die ganze gelehrte und gebildete Welt" wie Schellen in seinem Buche „Die Spectralanalyse", 2. Aufl. 1871, niedergelegt hat, dadurch, daß anläßlich der totalen Sonnenfinsternis, die am 18. August 1868 in Indien beobachtbar war, ein ungewöhnlich großer Aufwand besonders finanzieller Art für Expeditionen getrieben worden war, um die neue Untersuchungsmethode, die Spektralanalyse, „auf die Erforschung jener räthselhaften Erscheinungen anzuwenden, welche stets die Begleiter der centralen Sonnenfinsternisse sind". Die am 7. August 1869 in Nordamerika beobachtete totale Sonnenfinsternis wurde wahrgenommen, um die spektralanalytischen Untersuchungen der vorhergehenden Sonnenfinsternis zu überprüfen. Die glänzenden Resultate aus dem Jahre 1868 wurden allseitig bestätigt und „der Triumph der Spektralanalyse wurde laut verkündet." Damit war in wahrhaft überzeugender Weise die Nützlichkeit und die Wichtigkeit der spektralanalytischen Methode unter Beweis gestellt.

Die Physiker richteten ihr Augenmerk auf die Eindeutigkeit des Elementnachweises, insonderheit also darauf, daß jedem Element eine charakteristische Emission bzw. Absorption zukommt, und erkannten, daß mit Hilfe der Spektralanalyse Einblick in den Bau der Atome und Moleküle gewonnen werden kann. Das dann in über fünfzig Jahren gesammelte Material, das Erkennen der Aufspaltung der Spektrallinien, das Feststellen der Emissions- und Absorptionsserien, das Auffinden der Seriengesetze und der Beziehungen zwischen den Serien, im Verein mit den auf Grund der Planck'schen Erkenntnisse gewonnenen theoretischen Folgerungen in bezug auf die Quantelung der Energie, führte zum Bohr'schen Atommodell und Sommerfeld konnte 1919 im Vorwort seines Buches „Atombau und Spektrallinien" aussprechen: „Seit der Entdeckung der Spektralanalyse konnte kein Kundiger zweifeln, daß das Problem des Atoms gelöst sein würde, wenn man gelernt hätte, die Sprache der Spektren zu verstehen. Das ungeheure Material, welches 60 Jahre spektroskopischer Praxis aufgehäuft haben, schien allerdings in seiner Mannigfaltigkeit zunächst unentwirrbar. Fast mehr haben die sieben Jahre Röntgenspektroskopie zur Klärung beigetragen, indem hier das Problem des Atoms an seiner Wurzel erfaßt und das Innere des Atoms beleuchtet wird. Was wir heutzutage aus der Sprache der Spektren heraus hören, ist eine wirkliche Sphärenmusik des Atoms, ein Zusammenklingen ganzzahliger Verhältnisse, eine bei aller Mannigfaltigkeit zunehmende Ordnung und Harmonie. Für alle Zeiten wird die Theorie der Spektrallinien den Namen Bohrs tragen. Aber noch ein anderer Name wird dauernd mit ihr verknüpft sein, der Name Plancks. Alle ganzzahligen Gesetze der Spektrallinien und der Atomistik fließen letzten Endes aus der Quantentheorie. Sie ist das geheimnisvolle Organon, auf dem die Natur die Spektralmusik spielt und nach dessen Rhythmus sie den Bau der Atome und der Kerne regelt." Die Grundkonzeption der Atommodellvorstellung besteht darin, daß beim Übergang eines Elektrons von einem energiereicheren Zustand E_1 zu einem energieärmeren E_2 Strahlung emittiert wird, deren Frequenz ν der Energiedifferenz E_1-E_2 dividiert durch das Planck'sche Wirkungsquantum h proportional sein muß. Die Mannigfaltigkeit der Spektren eines Elementes deutet daher auf die Existenz mehrerer Energiestufen im Atom hin und das Termschema eines Atoms deckt die Übergangsmöglichkeiten zwischen den Energiestufen auf, zeigt seine Gesetzmäßigkeit. Es mag zunächst scheinen, daß sich damit die Aussagekraft der Spektroskopie auf das Atom beschränkt und daß sich der Einfluß des Kernes auf das Spektrum der Atomhülle nicht bemerkbar machen könne. Mit verfeinerten spektroskopischen Geräten, insbesondere mit Interferenzspektroskopen, konnte jedoch nachgewiesen werden, daß die Spektren vieler Elemente eine

Hyperfeinstruktur zeigen. Einzelne Komponenten bzw. ganze Gruppen dieser Struktur lassen sich bestimmten Isotopen zuordnen, womit erwiesen ist, daß sich der Einfluß der Kerne aus den Spektren erkennen läßt. Die Spektroskopie stellt daher auch ein Hilfsmittel für die Kernforschung dar. Aber damit ist die Aussagekraft der Spektroskopie noch immer nicht erschöpft. Die Untersuchung der Bandenspektren, die zu den Begriffen Rotationsspektren und Rotationsschwingungsspektren führten, beweisen, daß die Spektroskopie auch in die Molekülstruktur Licht zu bringen fähig ist bzw. bereits war; denn neben Elektronensprüngen kann auch die Rotationsbewegung eines gesamten Moleküls oder aber auch die Schwingung der Atome bzw. Atomkerne innerhalb eines Moleküls zur Emission und Absorption von einer charakteristischen größeren Zahl von Linien Veranlassung geben, die sich zu Banden und eine Anzahl dieser Banden wieder zu einem Bandensystem gruppieren. Die theoretische Durchdringung des Problems der H_2-Molekel auf wellenmechanischer Grundlage insbesondere durch Heisenberg, Hund, Heitler und London eröffnete den Einblick in die Struktur der Atomverbindungen.

Man hätte annehmen sollen, daß sich nach den großen Erfolgen, die die Spektralanalyse durch die Entdeckung neuer Elemente aufweisen konnte, auch die Chemiker ihrer Entwicklung weiterhin mit gleicher Liebe wie die Physiker angenommen hätten. Bunsen und Kirchhoff hatten bereits der Hoffnung Ausdruck gegeben, die Spektralanalyse werde sich von einer qualitativen zu einer quantitativen Methode der analytischen Chemie entwickeln. Jedoch nur sehr zögernd drang die Spektralanalyse nach ihren ersten großen Erfolgen in die analytische Chemie ein, obwohl beginnende Ansätze zur quantitativen spektrochemischen Analyse von Lockyer seit 1873/74 bekannt geworden waren und sich um die Jahrhundertwende Hartley in Dublin und de Gramont an der Sorbonne mit ausführlichen Untersuchungen für eine qualitative und quantitative Analyse eingesetzt hatten, nachdem Angström und Rowland praktische Vorarbeit für die Spektralanalyse dadurch geleistet hatten, daß sie durch Ausmessen einer Vielzahl von Spektrallinien Vergleichswellenlängen schufen. De Gramont hat sich vergeblich, fast verzweifelt bemüht, die Spektralanalyse in Frankreich seit 1895 zu verbreiten. Nicht nur, daß er darauf angewiesen war, die Herstellung der spektroskopischen Apparate und das Gehalt seines

Assistenten selbst zu bezahlen, er fand darüberhinaus bei seinen Kollegen nicht einmal Verständnis, sondern sogar spöttische Ablehnung. Noch, man merke auf, 1910 schrieb Kayser im 5. Bande seines „Handbuch der Spectroskopie“ zur qualitativen Spektralanalyse: „Man sieht, es ist ein mühsames und zeitraubendes Verfahren, welches auch die nötigen Apparate und die nötige Übung voraussetzt. Es wird daher nur in seltenen Fällen angewendet werden.“ Und zur quantitativen Spektralanalyse meint Kayser: „Fasse ich alle besprochenen Untersuchungen zusammen, so komme ich zum Schlusse, daß die quantitative spectroskopische Analyse sich als undurchführbar erwiesen hat.“ In einem Vortrag, gehalten auf der 89. Versammlung der Gesellschaft Deutscher Naturforscher und Ärzte in Düsseldorf 1926 sprach Konen als Mitverfasser des Kayser'schen Handbuches darüber, daß er die Beurteilung der Lage über die qualitative und quantitative Spektralanalyse, wie sie im Kayser'schen Handbuch niedergelegt ist, oft genug vertreten habe. Er schilderte den Werdegang der Spektralanalyse zur chemischen Analysenmethode, wie er sich durch die laufend neu gewonnenen Erkenntnisse eines Kreises von Forschern, die das Erbe Bunsens und Kirchhoffs richtig zu verwalten verstanden, von einer pessimistisch zu beurteilenden Lage in eine optimistische Fortentwicklung verwandelte.

In Deutschland hatte Löwe die Arbeiten Hartley's und de Gramont's, durch die die Brauchbarkeit der Emissionsspektralanalyse für die Chemiker bewiesen war, und die wenn auch schwachen Auswirkungen dieser Arbeiten im Auslande besonders nach dem ersten Weltkriege aufmerksam verfolgt. Er erkannte die große Bedeutung der spektrochemischen Emissionsanalyse für die metallurgische Forschung und lenkte daher die Aufmerksamkeit der deutschen Wissenschaftler mit einem Vortrag, betitelt „Eine vergessene Methode der quantitativen Spektralanalyse“ und gehalten auf der 88. Tagung der Gesellschaft Deutscher Naturforscher und Ärzte 1924 in Innsbruck, auf diese Methode hin. In seinem Vortrag berichtete er darüber, daß „einige Chemiker, die die grundlegenden Arbeiten Hartley's, Leonard's und Pollock's sowie de Gramont's kannten, die Spektralanalyse mit Erfolg zu einer im gewissen Sinne quantitativen, analytischen Methode ausgebildet haben, die während des Krieges in Frankreich und Nordamerika, aber auch nur da, wertvolle praktische Ergebnisse geliefert hat, während sie in den übrigen Zentren der Stahlindustrie, in England, Schweden, Deutschland und Österreich, vergessen geblieben ist, und es nunmehr unerläßlich erscheint, die Spektralanalyse als metallurgische Analyse auch in diesen Edelstahl erzeugenden Ländern nachzuprüfen.“ Mit diesem, damals viel Aufsehen erregendem Vortrag Löwes setzte in Deutschland die Entwicklung der spektrochemischen Emissionsanalyse ein, um innerhalb weniger Jahre zu den wichtigsten Analysenverfahren für die metallverarbeitende und metallerzeugende Industrie zu werden. Allerdings mußten, um das heute Bekannte zu erreichen, sowohl umfangreiche methodische als auch apparative Voraussetzungen erarbeitet werden.

Um die Spektralanalyse zur sauberen quantitativen Methode auszubilden, ging Gerlach völlig davon ab, eine Analyse auf der Absolutintensität der einzelnen Linien aufzubauen; er verschärfte vielmehr das Verfahren der Vergleichsspektren dadurch, daß er Intensitätsgleichheit der zu vergleichenden Linien der Grundsubstanz und der Zusatzsubstanz und darüberhinaus das Vergleichen sogenannter „homologer Paare“ verlangte. Homologe Paare sind Spektrallinien der Grundsubstanz und der Zusatzsubstanz, deren Intensitätsverhältnis von Änderungen der Anregung in der Lichtquelle möglichst weitgehend unabhängig ist.

Es sei gestattet, an dieser Stelle einen Gedanken Goethes einfließen zu lassen, daß Zunahme an Kenntnissen Zunahme an Unruhe bringt. So groß ist die Unruhe, die die quantitative Spektralanalyse gebracht hat, schon geworden, und so durchdacht und erprobt ist diese Methode heute, daß eine Prophezeiung William F. Meggers aus dem Jahre 1946 in Erfüllung gegangen ist, die er im letzten Absatz seines Aufsatzes „Spectroscopy, Past, Present and Future“ in die Worte kleidete: „Astrophysicists have made a quantitative spectrochemical analysis of the sun based upon the identification and behavior of the characteristic spectra of 66 chemical elements. Unfortunately the sensitive spectral lines of about a dozen elements have wave-length less than 2900 Å, and these can never be detected on this side of the ultraviolett-absorbing layer of ozone in the upper atmosphere of the earth. I predict that in the near future jet propelled rockets will carry spectrographs beyond the earth's ozone and oxygen screens to make a record of the solar spectrum in the extreme ultraviolett.“ Und auch für die

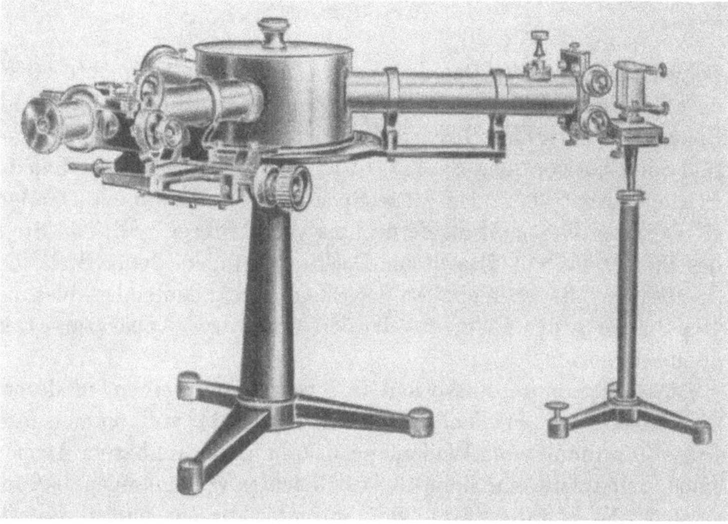

Abb. 4a Spektroskop nach Kirchhoff und Bunsen, mit mikrometrisch verstellbarem Meßfernrohr; vor dem Vierordtschen Doppelspalte ist eine Küvette aufgestellt.

kontrollierte Kernfusion wird die Spektralanalyse immer bedeutsamer. Die zur Fusion notwendigen extrem hohen Temperaturen von über 10^8 Grad Celsius können praktisch nur in einem Plasma erzeugt werden. Die Spektralanalyse ist wohl das wichtigste Werkzeug für diagnostische Studien am Plasma geworden und bedeutsam für die Spektroskopie selbst kann gebucht werden, daß bereits ungewöhnliche und neuartige und nach unseren Kenntnissen schwer deutbare Phänomene beobachtbar wurden. Neue Erkenntnisse bringen neue Unruhe für die Grundlagen der Physik!

Daß schließlich solche angedeuteten Ziele erreichbar geworden sind, muß naturgemäß der weit fortgeschrittenen Geräteentwicklung, der größte Aufmerksamkeit in den vergangenen 30 Jahren gewidmet worden ist, gutgeschrieben werden. Es dürfte interessieren, daß die Grundelemente der von Bunsen und Kirchhoff benutzten Spektroskope (Abb. 4a und b) und die benutzten Lichtquellen heute in der modernen Spektralanalyse im Prinzip noch die gleichen sind.

Das von Kirchhoff und Bunsen benutzte Spektroskop mit Kollimator und Beobachtungsrohr besaß ein 60°-Hohlprisma mit

Schwefelkohlenstoff. Das Prisma war um eine senkrechte Achse drehbar. Die Achse trug am unteren Ende einen Spiegel. Gegen den Spiegel war ein kleines Fernrohr gerichtet, mit welchem das Spiegelbild einer horizontalen Skala beobachtet wurde. Durch Drehen des Prismas konnte man das ganze Spektrum der Flamme am Faden-(Kreuz) des Beobachtungsfernrohres vorbeiführen und jede Stelle des Spektrums mit diesem zur Deckung bringen. Jeder Stelle des Spektrums entsprach eine an der Skala vorzunehmende Ablesung. Die Spektren der Elemente wurden mit dieser Apparatur exakt aufgezeichnet.

Diese Anordnung entspricht in ihrem Prinzip einem modernen Spektroskop mit Wellenlängenskala. Durch die vollkommen losefreie Zuordnung von Wellenlängenskala und drehbarem Dispersionsprisma wird eine hohe Genauigkeit der Wellenlängenablesung erreicht. Es ist interessant, vermerken zu können, daß dieses alte Prinzip wieder Gegenstand eines Patentes in unseren Tagen geworden ist (DB-Patent 8 12 968).

Abb. 4b Spektroskop von Kirchhoff und Bunsen, gebaut 1860 von Steinheil.

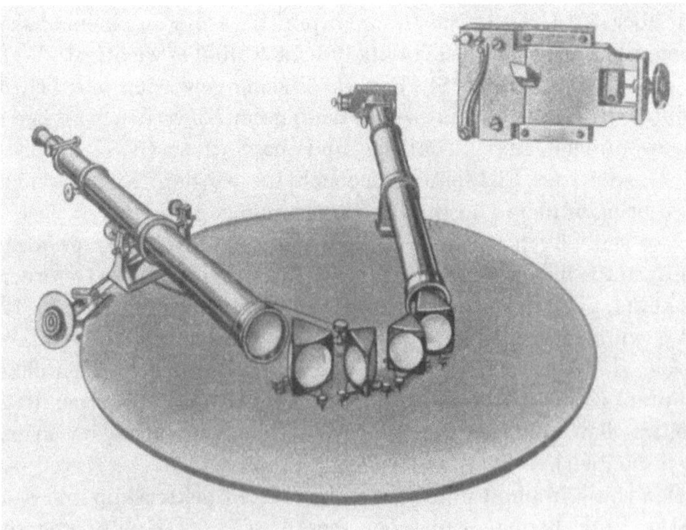

Abb. 5 Prototyp eines UV-Spektrographen mittlerer Dispersion für die spektrochemische Emissionsanalyse Quarzspektrograph Q 24 des VEB Carl Zeiß, Jena. Spektralbereich 2000 Å–5500 Å, Spektrumlänge 223 mm.

Gegenüber dem Bunsen-Kirchhoff'schen Spektroskop sind allerdings Aussehen, Bedienungskomfort und Leistungsfähigkeit moderner Spektrographen (das sind Geräte, bei denen die Spektren photographisch aufgenommen werden) und moderner Spektrometer (das sind Geräte mit photoelektrischer Aufnahme der Spektrallinien) dem Einsatz im Laboratorium und den Anforderungen der Industrie angepaßt worden. In Abb. 5 wird als eines der Beispiele der bekannte Zeiß'sche UV-Spektrograph Q 24 und in Abb. 6 als Beweis seiner Leistungsfähigkeit ein mit seiner Hilfe aufgenommenes Spektrum wiedergegeben. Um darüberhinaus zu zeigen, mit welchem verfeinerten Aufwand heute die Spektralanalyse getrieben werden kann, wird an Hand der Abb. 7 versucht, eine Vorstellung vom 2-m-Plangitterspektrographen zu geben, der im VEB Carl Zeiss in Jena neuerdings serienmäßig hergestellt wird. Die Leistungsfähigkeit dieses Spektrographen und damit auch die der serienmäßig hergestellten Gitter (652 Furchen pro mm) geht aus der Hyperfeinstruktur der Hg-Linie 4358 Å hervor

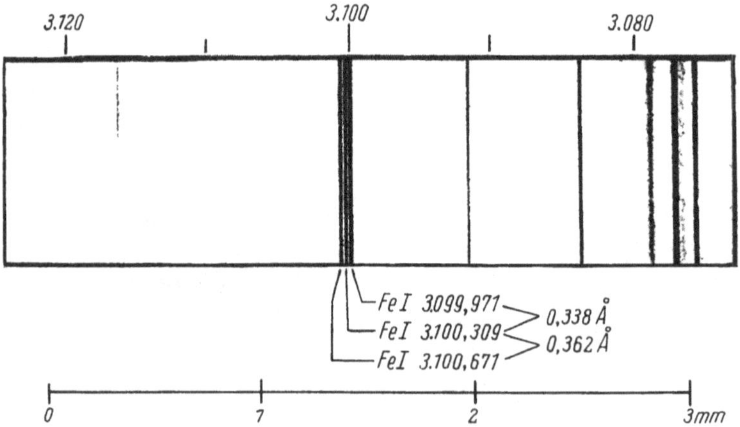

Abb. 6 Testaufnahme für die Auflösung des Quarzspektrographen Q 24. ~ 40× Vergrößerung der Originalaufnahme, Abstand der gekennzeichneten FeI-Linien bei 3100 Å beträgt im Original 0,02 mm.

Abb. 7 Erster deutscher, industriell hergestellter Gitterspektrograph mit Originalgittern, 2-m-Plangitterspektrograph des VEB Carl Zeiß, Jena. Auflösungsvermögen ~ 400000.

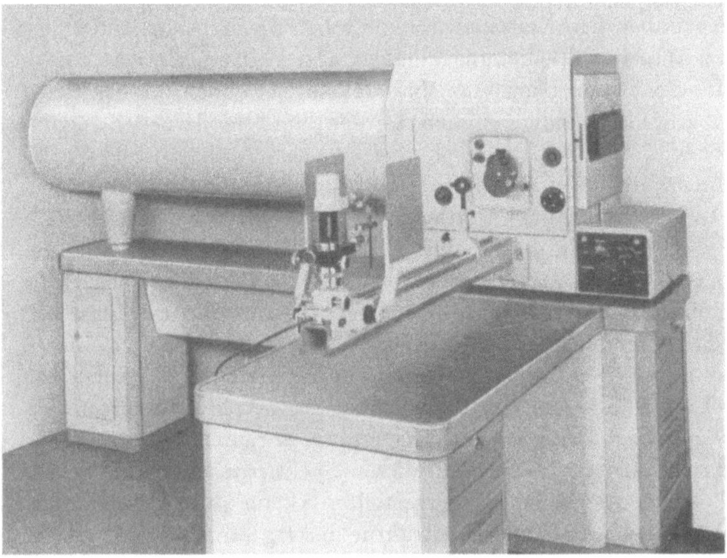

(Abb. 8, unten), die mit dem 2-m-Plangitterspektrographen aufgelöst worden ist. Diese Linie dient als Test und wird bekanntlich am häufigsten für die Prüfung und Demonstration des Auflösungsvermögens von Hochleistungsgittern benutzt. Der Vergleich der Leistung dieses 2-m-Plangitterspektrographen mit der von 10- und

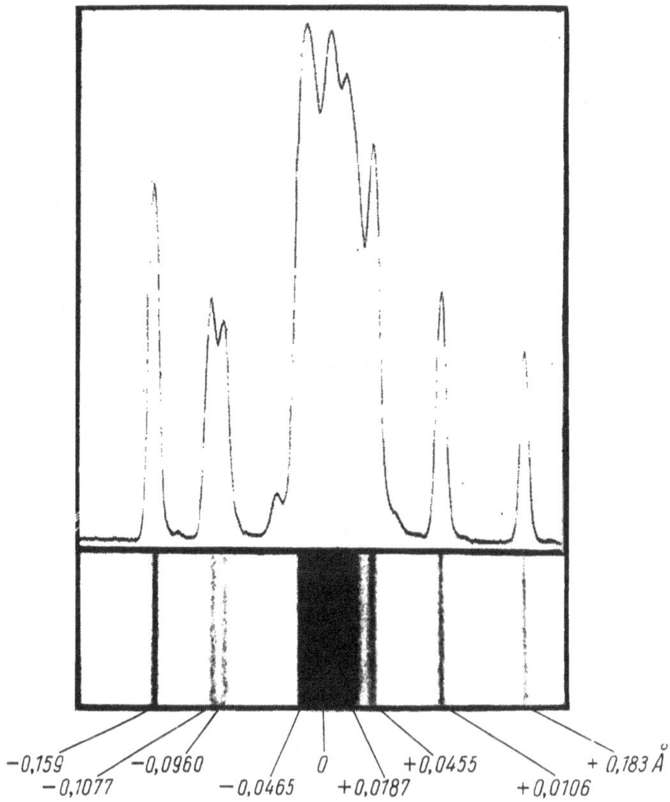

Abb. 8 Hyperfeinstruktur der Hg-Linie 4358 Å.

unten: Aufnahme mit 2 m-Plangitterspektrographen. 2. Spektrum 6. Ordnung, Dispersion 0,25 Å/mm, Gitter 183, 45000 Furchen, 625 Furchen/mm, Spaltbreite 25 μ, Hg-He-Lampe Hg-0,3 mit Glühkathode Belichtungszeit 60,″ Vergrößerung 40×.

oben: Aufnahme der Registrierung mit lichtelektrischem Registrierphotometer (vgl. Bild 9).

15 m-Gitterspektrographen, die in der Literatur beschrieben sind, zeigt, daß mit dem relativ kleinen Gitterspektrographen und mit Gittern kleiner Abmaße in hohen Ordnungen bei Benutzung eines zusätzlichen Autokollimationsspiegels praktisch ähnliche bzw. gleiche Leistungen erzielt werden können, wie mit langbrennweitigen Gitterspektrographen mit Gittern hoher Abmessungen, deren Handhabung naturgemäß viel schwieriger und deren Zuverlässigkeit viel unsicherer ist. Die Registrierung der Aufnahme (Abb. 8, oben) erfolgte mit dem neuen lichtelektrischen Registrierphotometer, ebenfalls vom VEB Carl Zeiss, Jena, serienmäßig hergestellt (Abb. 9), welches wahlweise photographisch oder direktschreibend (mittels Tintenschreibers) registrieren kann. Die Meßgenauigkeit (unter 0,5 μ) liegt um rund eine Größenordnung günstiger als bei den modernsten Geräten dieser Art, die im Handel

Abb. 9 Lichtelektrisches Registrierphotometer des VEB Carl Zeiß, Jena. Kontinuierlich veränderbarer Übersetzungsmaßstab von 1:1 bis 1000:1, Reproduzierbarkeit des Maßstabes 0,5 μ.

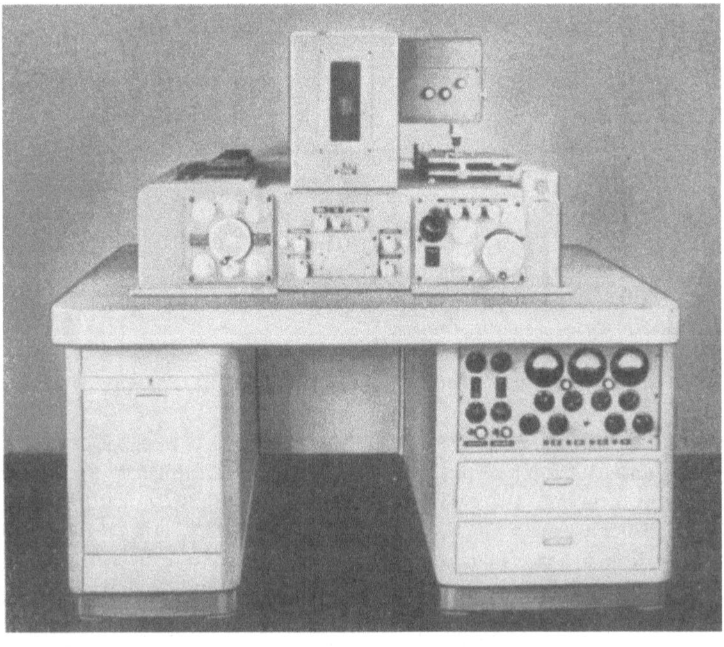

erhältlich sind ($\sim 5\,\mu$). Die photometrische Empfindlichkeit erweist sich bis zu maximal viermal so groß. Man bedarf eines solchen (oder ähnlicher lichtelektrischer Registrierphotometer) als Gerät zur analytischen Auswertung der mit Spektrographen gewonnenen Spektralaufnahmen, wobei die Wahl, ob photographisch oder direktschreibend registriert werden soll, abhängig davon ist, welche Aufgabe zu lösen beabsichtigt wird, wodurch sich etwa die Forderung einer Mehrfachregistrierung übereinander, nach Vervielfältigung der Ergebnisse, vorgegebene Abmessungen der Gesamtregistrierung einzuhalten oder andere ähnliche Forderungen ergeben können.

Zusammenfassende Literatur über die Spektralanalyse

[1] Gerlach, W. und Riedl, E., Die chemische Emissionsspektralanalyse. I., II. und III. Teil. Verlag Johann Ambrosius Barth, Leipzig 1949.

[2] Kaiser, H., Stand und Entwicklung der spektrochemischen Analyse (Emissions-Analyse). Zeitschr. angew. Physik **1** (1949) 35.

[3] Meggers, William F., Spektroscopy, Past, Present and Future. Journ. Opt. Soc. Am. **36** (1946) 431.

[4] Fitzer, E., Fortschritte der technischen Emissionsspektralanalyse Österreichische Chemiker-Zeitung **53** (1952) 1, 34.

[5] Scheller, H., Einführung in die angewandte spektrochemische Analyse. Verlag Technik, Berlin 1958.

[6] Löwe, F., Optische Messungen des Chemikers und Mediziners. Verlag Theod. Steinkopff, Dresden 1954.

[7] Moritz, H., Spektrochemische Betriebsanalyse, Ferdinand Enke Verlag, Stuttgart 1956.

[8] Mannkopff, R., Leistungen und Grenzen der Emissionsspektralanalyse. Physikertagung München Hauptvorträge, Physik Verlag, Mosbach Baden 1957, S. 205.

[9] Seith, W. und Ruthardt, K., Chemische Spektralanalyse. Springer-Verlag, Berlin 1958.

Hans Jancke

Stand und Entwicklung in der Spektroskopie

Die grundlegende Entdeckung von Kirchhoff und Bunsen vor 100 Jahren, derer die wissenschaftlichen Akademien und Gesellschaften der ganzen Welt mit uns in diesem Jahre gedenken, stellt die Einführung einer überaus fruchtbaren wissenschaftlichen Methode dar, wie es soeben von Herrn Görlich dargelegt worden ist. In zunehmendem Maße findet darüber hinaus eine Entwicklung statt, die die Ergebnisse dieser wissenschaftlichen Methode der unmittelbaren praktischen Benutzung zugänglich macht und uns heute bereits erlaubt, atomphysikalische Erkenntnisse, die vor kurzem noch Eigentum der reinen Fachwissenschaft waren, in großem Umfange – zum Beispiel zur Steuerung industrieller Prozesse – heranzuziehen.

Gleichzeitig hat eine erhebliche Ausweitung des Wellenlängenbereiches stattgefunden, innerhalb dessen die so fruchtbare Konzeption von Kirchhoff und Bunsen erfolgreich zur Lösung wissenschaftlicher und praktischer Fragen herangezogen wird. Wir haben soeben gehört, wie durch immer verfeinerte Untersuchungsmethoden bei den Spektren der Atome – aus der Fein- und Hyperfeinstruktur der Spektrallinien – die spektroskopische Forschung in die Lage versetzt wurde, grundlegende kernphysikalische Erkenntnisse über die Eigenschaften der Atomkerne, ihren Spin und die Isotopenkonzentrationen, zu erhalten. Durch die Ausweitung des Spektralbereiches, innerhalb dessen Untersuchungen mittels der spektroskopischen Methode vorgenommen werden, erweiterten sich auch in beträchtlichem Maße die Möglichkeiten, *aus der Wechselwirkung elektromagnetischer Strahlung mit atomaren Systemen* – also mit der typischen Arbeitsweise der Spektroskopie – Aufschluß über das Verhalten und die Eigenschaften sowohl der Atomkerne – im Bereich kürzester Wellenlängen hauptsächlich –

sowie der höher organisierten Systeme, der Moleküle, Makromoleküle und Radikale zu erhalten, wobei hierfür besonders die Erweiterung in den langwelligen Bereich des Spektrums von Bedeutung ist.

In Abb. 1 sehen wir den Ausschnitt aus dem elektromagnetischen Spektrum, der heute erfolgreich bei spektroskopischen Untersuchungen herangezogen wird und erkennen, daß die Benutzung von etwa 15 Größenordnungen in der Wellenlänge bzw. der Energie der Lichtquanten erreicht wurde. Es ist verständlich, daß über einen so großen Bereich die experimentellen Methoden nur noch in einigen Grundprinzipien gleich sein können, während für die Deutung der Ergebnisse immer die gleichen Methoden der Quantentheorie herangezogen werden, wobei allerdings im Bereich der Spektroskopie der Gamma-Strahlen, also am energiereichen kurzwelligen Ende des Spektrums, mit dessen Hilfe die Energieniveaus in den Atomkernen untersucht werden, eine völlig befriedigende Darstellung noch nicht gelungen ist.

Die spektroskopische Forschung, die ihren Anfang vor 100 Jahren mit der Beobachtung des unmittelbar dem Auge erkennbaren sichtbaren Spektrums nahm, begann mit der Untersuchung des

Abb. 1 Arbeitsbereiche der Spektroskopie

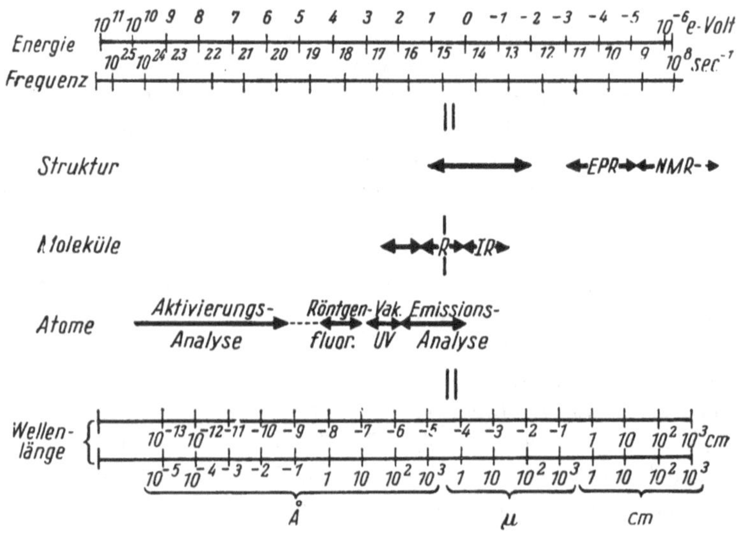

Spektrums von Atomen, und bereits die erste Arbeit von Kirchhoff und Bunsen zeigte wichtige Anwendungsmöglichkeiten, sowohl in der Astrophysik, wie in der chemischen Analyse. Seitdem ist die Zahl der Arbeiten, die sich mit diesem Problemkreis beschäftigten, außerordentlich groß geworden. Die Spektren der Atome der chemischen Elemente, einschließlich ihrer Isotope, sind in den Grundzügen wohlbekannt und es möchte scheinen, als ob dieses Kapitel der spektroskopischen Forschung abgeschlossen sei. Eine nähere Untersuchung jedoch zeigt, wie Meggers 1958 nachwies, daß dies heute keineswegs bereits der Fall ist. Einmal gelingt es immer wieder, mit Hilfe kernphysikalischer Methoden neue Elemente zu erzeugen, deren Spektren vermessen und eingeordnet werden müssen, zum anderen ist die Zahl der *vollständig* bekannten Spektren, wozu natürlich eine vollständige Termanalyse des erzeugenden Atoms oder Ions gehört, noch immer so gering, daß nach der Abschätzung von Meggers weitere 3952 Jahre – bei gleichbleibender Arbeitsweise – notwendig wären, um einen vollständigen Atlas aller möglichen Atomspektren aufstellen zu können. Es wird nun sicher nicht unbedingt zweckmäßig sein, enzyklopädische Vollständigkeit in einem solchen Atlas anzustreben, aber es ergeben sich daraus einige wichtige Folgerungen.

1. Die bestehende Tendenz einer Verschiebung des Schwergewichtes auf dem Gebiet der Atomspektroskopie von der reinen Forschung in die Anwendung entspricht nicht den tatsächlichen Notwendigkeiten.
2. Um die umfangreichen Auswertearbeiten bei der Analyse, besonders der komplizierteren Spektren, auf ein erträgliches Maß zu beschränken, wird es notwendig sein, die Hilfsmittel der modernen Technik, insbesondere spektrographische Geräte höchster Auflösung und elektronische Rechenmaschinen, konsequent einzusetzen.

Es mag nun die Frage entstehen, inwiefern dieser Aufwand noch gerechtfertigt ist, obgleich doch die Praxis zu zeigen scheint, daß unsere Kenntnisse der Atomspektren eigentlich bereits genügen. Um diese Frage zu beantworten, müssen die verschiedenen Anwendungen der Atomspektroskopie untersucht werden.

Hierzu gehört die Anwendung der Atomspektren als Längennormal. Interessent ist hier die Meßtechnik, die bestrebt ist, ständig genauere Längenmessungen durchzuführen, wozu Atomspektren, wie die rote Cadmiumlinie 6438,4694 Å, die Linien des Quecksilberisotops 198, die Spektren der Metall-Halogenide, angeregt durch Mikrowellen, heute bevorzugt benutzt werden.

Die praktische Spektralanalyse weiterhin benötigt, um erfolgreich die Genauigkeit ihrer Methoden zu verbessern, sehr genauen Aufschluß über die Termanalyse aller in Frage kommenden Elemente. Die Praxis zeigt, daß seit der Einführung direkt-zeigender spektroskopischer Analysen-Automaten die Genauigkeit der Messungen, die die der chemischen Methoden erreicht, wesentlich von der Methode zur Erzeugung der Spektren begrenzt wird. Eng mit der Frage geeigneter Anregungsmethoden verbunden ist die Kenntnis der Spektralterme der zu untersuchenden Elemente, die auch maßgebend für eine zweckmäßige Auswahl geeigneter Analysenlinien ist.

Die Astrophysik schließlich wendet ihr Augenmerk mit Verbesserung der experimentellen Ausrüstung, insbesondere mit der Erhöhung der Lichtstärke und des damit anwendbaren Auflösungsvermögens der Spektralapparate, sowohl der Untersuchung der Spektren der frühen Spektralklassen mit höherer Auflösung, wie der vollständigen Analyse der linienreichen Spektren der späteren Klassen zu. Die damit gegebenen Informationen über den Zustand der untersuchten Sterne lassen sich aber nur dann vollständig auswerten, wenn gerade die bisher nur in wenigen Fällen vollständig analysierten Spektren hochionisierter Atome besser und vollständiger bekannt werden.

Diese Aufgabenstellungen zeigen deutlich die Notwendigkeit, über den derzeitigen Stand der Emissionsspektroskopie hinaus weitere Anstrengungen zu machen, um unsere Kenntnisse der Atomspektren zu vervollständigen, die Meßtechnik in bezug auf Genauigkeit, Auflösungsvermögen und Empfindlichkeit zu verbessern, sowie schließlich, im Zusammenhang mit der Termanalyse, die verschiedenen Möglichkeiten der Anregung von Emissionsspektren weiter zu untersuchen – dies insbesondere im Hinblick auf die verschiedenen Anwendungen der Emissionsspektroskopie zu analytischen Zwecken.

Von zunehmender praktischer Bedeutung, und zwar für die Emissionsanalyse einerseits, andererseits im Zusammenhang mit der Erforschung von Fragen der Molekülstruktur vermittels der appearence-potentiale in der Massenspektroskopie, ist eine wirkungsvolle Erweiterung des Arbeitsbereiches der Spektroskopie nach kurzen Wellen über die durch die Absorption in der atmosphärischen Luft gesetzte Grenze in das Gebiet der UV-Vakuum-Spektren. Nachdem die Grundlagen hier bereits vor 20 bis 30 Jahren erarbeitet wurden, steht heute im Vordergrund die Entwicklung geeigneter Apparaturen zur Anregung der Spektren und zu ihrer objektiven Vermessung. Die Verfahren selbst entsprechen in diesem Gebiet noch vollständig denen der klassischen Spektroskopie und brauchen daher nicht im Detail behandelt zu werden.

Spezielle Methoden jedoch erfordert die Arbeit in den Gebieten noch kürzerer Wellenlängen, im Röntgen- und Gamma-Strahlen-Gebiet. Entsprechend der Beziehung $\Delta E = h\nu$ zwischen der Energiedifferenz zweier Terme und der Wellenlänge der absorbierten bzw. emittierten Strahlung gelingt es in diesem Gebiet, Aufschluß über das Verhalten der innersten, dem Kern benachbarten und dementsprechend fest gebundenen Elektronen zu erhalten – das Gebiet der Röntgenspektren – sowie bei weiterer Erhöhung der Energie über die Niveaus in den Kernen selbst. Vom Standpunkt des Spektroskopikers, der diese Gebiete des elektromagnetischen Spektrums in seine Überlegungen einbeziehen muß, ist zunächst bemerkenswert, daß die Wellennatur der Strahlung immer stärker mit abnehmender Wellenlänge zugunsten der Photonen-Natur zurücktritt, so daß die Meßmethoden der Kernphysik, das Zählen der Photonen und die Diskriminierung nach der Impulsgröße an die Stelle der klassischen spektroskopischen Methoden treten.

Die Röntgenstrahlen, die meßtechnisch den Übergang zwischen den optischen und den Gamma-Spektren umfassen, haben in letzter Zeit durch die Ausnutzung des 1908 von Barkla und Sadler festgestellten Effektes der *Röntgen-Fluoreszenz-Strahlung* zur technischen Spektralanalyse erneut an Interesse gewonnen. Diese Methode gestattet, qualitative und quantitative Analysen auf alle Elemente, besonders aber auf solche mit Ordnungszahlen oberhalb etwa 22, leicht und zerstörungsfrei durchzuführen. Sie ergänzt damit die Verfahren der Emissionsanalyse in Richtung hoher Konzentrationen, ist jedoch in Sonderformen auch zur Mikroanalyse geeignet.

Die *Gamma-Spektroskopie* dagegen ist ein Gebiet, das sich noch in voller Entwicklung befindet, besonders auch hinsichtlich der experimentellen Methoden. Während bei langwelliger Röntgen strahlung als dispergierendes Element der spektroskopischen Anordnung noch künstlich hergestellte Gitter Anwendung finden, müssen im kurzwelligen Röntgen- und im Gamma-Gebiet natürliche Kristalle benutzt werden, wie es zuerst v. Laue, Friedrich und Knipping zeigten. Das Verfahren, insbesondere in seinen modernen Formen unter Benutzung gebogener Kristalle, gestattet, Wellenlängen im Gamma-Gebiet bis etwa 1,5 MeV mit hoher Präzision zu messen. Daneben werden für praktische Zwecke und für höhere Energien zunehmend die Methoden der Impulshöhenanalyse herangezogen, mit denen die Gammaspektren angeregter Kerne leicht und mit ausreichender Genauigkeit vermessen werden können.

Die Untersuchung der Niveaus in angeregten Atomkernen ist im Zusammenhang mit der Erforschung des Baues der Atomkerne von ähnlicher Bedeutung, wie es die Erforschung der Energieniveaus in den Atomhüllen für die uns heute so selbstverständliche Kenntnis vom Bau der Atome gewesen ist. Die experimentellen Verfahren sind wegen der Größe der auftretenden Energiebeträge abgewandelt worden, aber die grundsätzliche Methode ist geblieben. Auch die Gamma-Spektrometrie, zusammen mit der Beta-Spektrometrie, hat für die praktische Spektralanalyse Bedeutung erlangt. Hier ist es besonders das Verfahren der Aktivierungsanalyse, bei dem eine spektroskopische Analyse aus den auftretenden Gamma- oder Beta-Spektren den Rückschluß auf die qualitative und quantitative Zusammensetzung der aktivierten Substanz mit großer Empfindlichkeit gestattet.

Ebenso, wie die Erweiterung des Spektralbereiches nach kurzen Wellenlängen, also großen Beträgen der Energiequanten $h\nu$, neue Untersuchungsmethoden notwendig machte, gelang die Ausweitung des Bereiches der Anwendung spektroskopischer Methoden nach langen Wellen nicht ohne die Einführung neuer experimenteller Verfahren. Die abnehmende Größe der Quanten läßt mit zunehmender Wellenlänge die auf quantenhaften Effekten beruhenden Meßmethoden gegenüber denen, die die Wellennatur der elektromagnetischen Strahlung benutzen, immer stärker zurücktreten. So ist bei 20 μ Wellenlänge etwa die Grenze erreicht, bis zu der noch Empfänger benutzt werden können, die eine der Formen des photoelektrischen Effektes ausnutzen, da die Energie der Lichtquanten kleiner als die erforderlichen Ablösearbeiten wird. Im

Bereich der längeren Wellen verwendet man daher Empfänger, die die thermischen Wirkungen der Strahlung ausnutzen, oder im Bereich der höchstfrequenten Radiowellen schließlich eine unmittelbare Strommessung. Die neue Entwicklung der Molekularverstärker ist in diesem Zusammenhang als besonders aussichtsreich zu erwähnen, da sie sehr hohe Empfindlichkeiten zu erreichen gestatten dürfte. Bei etwa 50 μ wird weiter die Grenze erreicht, bis zu der Prismen praktisch Verwendung finden, so daß weiterhin nur noch Gitter als dispergierendes Bauelement verwendet werden. Auch im nahen und mittleren Infrarot ist jedoch eine zunehmende Verwendung von Gittern zu beobachten, die dem Streben nach höherer spektraler Auflösung Rechnung trägt. Die Schwierigkeiten, die sich aus der Überlappung verschiedener Ordnungen infolge der großen Intensitätsunterschiede der Strahlung verschiedener Wellenlängenbereiche ergeben, lassen sich dabei durch die Verwendung von Prismen oder Filtern zur Vorzerlegung der Strahlung beheben, oder es werden neuerdings auch mit besonderem Vorteil amplituden-modulierende interferometrische Anordnungen benutzt.

Die längsten zu spektroskopischen Messungen herangezogenen elektromagnetischen Wellen, von etwa 1 mm Wellenlänge ab, lassen sich mit optischen Methoden praktisch nicht mehr untersuchen. Hier müssen die hochentwickelten Verfahren der Dezimeter- und Millimeter-Technik herangezogen werden. Mit diesen Mitteln gelingt es, wegen der hohen Genauigkeit der direkten Frequenzmessung, sehr hohe Auflösungsvermögen zu erreichen, die die der klassischen optischen Methoden noch übertreffen.

Die Erweiterung des Arbeitsgebietes der praktischen Spektroskopie zunächst in das Gebiet des infraroten Spektrums wurde ermöglicht durch technische Entwicklungen während des letzten Krieges, besonders auf dem Gebiet der thermischen Strahlungsempfänger. Der große Umfang jedoch, den die Infrarot-Spektroskopie daraufhin in kurzer Zeit nahm, ergab sich aus dem Interesse der Chemie und der Molekularphysik.

Während die Spektroskopie im Sichtbaren und Ultraviolett für die Untersuchung der Atomhüllen das geeignete Werkzeug darstellt, läßt sich die Untersuchung von Molekülen in diesem Gebiet aus verschiedenen Gründen nur unter gewissen Schwierigkeiten durchführen. Ein Molekül besitzt, um Energie aus dem elektromagnetischen Felde aufzunehmen, grundsätzlich drei Möglichkeiten, die sich durch die Größe der Energiestufen und damit den Wellenlängenbereich unterscheiden:

das Rotationsspektrum liegt im längstwelligen Infrarot und im Bereich der Mikrowellen,

das Rotations-Schwingungsspektrum im nahen und mittleren Infrarot, etwa bis 50 μ, während

die Elektronenspektren, die eigentlichen „Banden"-Spektren der Moleküle, im Sichtbaren und Ultraviolett liegen.

Diese Einteilung zeigt, daß bei der Untersuchung von Molekülen im Sichtbaren und Ultraviolett die Energie bevorzugt den äußeren Elektronen zugeführt wird, so daß diese Spektren besonders leicht dem Einfluß der Umgebung unterliegen. Die verwaschenen Absorptions-Banden vieler Moleküle im gelösten oder flüssigen Zustand zeigen dies deutlich, während die Spektren eines Stoffes im gasförmigen Zustand oder bei tiefen Temperaturen eine bessere Auflösung der Banden erkennen lassen. Die Molekülspektroskopie im Sichtbaren und Ultraviolett mußte sich daher im wesentlichen auf einige, möglichst hinreichend stabile, Molekülarten beschränken, an deren Spektren aber die Theorie dieser komplizierteren atomaren Systeme – der Moleküle – weitgehend erarbeitet wurde.

Die Eröffnung des Gebietes der *Infrarotspektroskopie* durch die Entwicklung der modernen Geräte machte nun die Schwingungsspektren der Moleküle allgemein zugänglich. Bereits 1928 hatten die Arbeiten von Landsberg und Mandelstam einerseits, von Raman andererseits den Zugang zu der Untersuchung der Molekülstruktur aus der Kombinationsstreuung sichtbaren Lichtes, den Raman-Effekt, erschlossen. Bis in die letzte Zeit aber ist diese sehr fruchtbare Arbeitsmethode, im wesentlichen aus apparativ-meßtechnischen Gründen, noch nicht vollständig der praktischen Nutzung zugänglich geworden. Die teilweise nur geringen Intensitäten in den Linien des gestreuten Lichtes haben diesen Verfahren den Weg in die Praxis des organischen Chemikers versperrt. Das Infrarot-Gebiet dagegen konnte sich die Entwicklung empfindlicher Empfänger schnell und erfolgreich nutzbar machen. So stehen heute die Verfahren zur Untersuchung der Molekülstruktur durch die Mittel der Raman-Spektroskopie und die Absorption im Infrarot gleichberechtigt und sich ergänzend in der Forschung nebeneinander, während in der technischen Anwendung vorerst noch die Infrarotspektroskopie einen apparativen Vorsprung besitzt.

Die eingehende Kenntnis, die diese spektroskopischen Methoden über den Bau der Moleküle, ihre wichtigsten strukturellen Eigenschaften, sowie über deren Beeinflussung durch die Umgebung liefern, wird – um den Vergleich mit dem Gebiet der Elektronenbanden vollständig zu machen – durch die Tatsache ermöglicht, daß die Quantenenergie im Infrarot selbst bei lockeren Bindungen im Molekül wegen ihrer Kleinheit keine Dissoziation auftreten läßt und daß außerdem Schwingung und Rotation der Moleküle weniger durch die Umgebung beeinflußbar sind, als die Zustände der äußersten Elektronen.

Die zunehmende Auflösung, mit der die Spektren im Infraroten gemessen werden, erlaubt, immer stärker auch die feineren Unterschiede in den Spektren zu erfassen. Damit erweitert sich einerseits der Bereich der experimentellen Angaben, die einer verfeinerten Theorie des Moleküls selbst die Grundlage geben, andererseits rückt die Beeinflussung des Moleküls durch die Umgebung in den Vordergrund des Interesses: die Theorie der Wechselwirkung zwischen Molekülen im gelösten Zustand und bei hohen Drucken; die Bildung intermediärer Molekülaggregate, auch bei chemischen Reaktionen; sowie die Wechselwirkungen zwischen adsorbierten Molekülen und adsorbierendem festem Körper gehören hierzu. Schließlich wird die Untersuchung des Baues und der Konstruktionsprinzipien der Hochpolymeren, gemeinsam mit anderen physikalischen Methoden, durch die weitere Anwendung polarisierter Infrarotstrahlung einen wesentlichen Beitrag sowohl für die Theorie als auch für praktische Zwecke liefern können.

Als Zweig der Spektroskopie, der das Gebiet der Hochfrequenztechnik in die Untersuchungen des Baues atomarer Gebilde aus der Wechselwirkung mit dem elektromagnetischen Feld großer Wellenlängen einbezogen hat, seien schließlich die Methoden der HF-*Spektroskopie* zusammenfassend erwähnt.

Der weiter zunehmenden Wellenlänge entsprechend werden die beobachteten Energiedifferenzen zwischen den Niveaus immer kleiner, und Effekte, die im Gebiet des sichtbaren Spektrums nur noch mit größter Auflösung als Hyperfeinstruktur von Spektrallinien beobachtbar sind, können unmittelbar gemessen werden.

Insgesamt sind es vier Gruppen von Verfahren, die als HF-Spektroskopie spezielle Bedeutung besitzen:

1. Die Rotationsspektroskopie
2. Die Quadrupol-Resonanz
3. Die magnetische Kernresonanz
4. Die paramagnetische Elektronenresonanz.

Trotz aller Verschiedenheit in der experimentellen Methode ist auch in diesem Gebiet der HF-Spektroskopie die Bohrsche Beziehung

$$\Delta E = h\nu$$

die Grundlage der Arbeit.

Die Spektroskopie der reinen Rotationsspektren stellt eine Fortsetzung der Untersuchungen im langwelligen Infrarot dar. Die Zahl der Moleküle, die einer solchen Untersuchung zugänglich sind, ist prinzipiell begrenzt durch die Forderung, daß ein permanentes Dipol-Moment vorhanden sein muß, außerdem aber müssen die Moleküle in der Gasphase untersucht werden. Als Ergebnis erhält man bei bekannten Massen die Abstände der Atome und die Winkel zwischen den Bindungen als äußerst wertvollen Beitrag zur Strukturforschung. Insgesamt ist dieses Gebiet jedoch – im wesentlichen aus praktischen Gründen – speziellen Fragen der Forschung vorbehalten. Eine Reihe von Anwendungen, die allerdings nicht spezifisch spektroskopischer Natur sind, haben sich jedoch bereits bewährt, wie die Verwendung der hohen Frequenz-Konstanz von Rotationsübergängen in Gasen als Frequenz-Normal.

Die „elektrische Quadrupol-Resonanz", die 1950 von Dehmelt und Krüger in Göttingen entdeckt wurde, kann entweder aus der Hyperfeinstruktur von Rotationslinien, oder direkt beobachtet werden. Der Effekt geht auf die gleiche Ursache wie die 1935 von Schüler und Schmidt beobachtete Störung der Hyperfeinstruktur zurück, die durch eine unsymmetrische räumliche Ladungsverteilung im Kern hervorgerufen wird, wobei die Abweichung von der Kugelform durch ein „Quadrupol-Moment" beschrieben wird.

Gemessen wird die Wechselwirkung zwischen dem Kernmoment und dem Moment seiner Umgebung. Besondere Bedeutung besitzt das Verfahren für theoretische Untersuchungen. Die bisherigen Ergebnisse erlauben, weitgehende Schlüsse über den Charakter der chemischen Bindungen in Molekülen zu erhalten. Die Untersuchung von Molekülen in der festen Phase erlaubt darüber hinaus, die dabei auftretenden intermolekularen Wechselwirkungen zu erforschen.

Die magnetische Kernresonanz, die auf die Arbeiten von Bloch und Purcell 1946 zurückgeht, beschreibt die Wechselwirkung der Kernmomente mit einem äußeren Magnetfeld. Die als Absorption von Energie aus einem hochfrequenten Feld beobachtbare Resonanz zwischen der Lamorfrequenz der präzessierenden Kerne und einem hochfrequenten Feld hängt ihrer Frequenz und Amplitude nach von der Größe des konstanten Magnetfeldes am Ort des Kerns und dessen Eigenschaften ab. Das Verfahren gestattet also einerseits, bei geringer Auflösung, die Anwesenheit verschiedenartiger Kerne zu konstatieren, andererseits, bei höherer Auflösung, die Änderungen der am Ort des Kerns wirklich vorhandenen Feldstärke durch die Umgebung, also die jeweilige chemische Bindungsform, festzustellen. Besonders die letzte Form der hochauflösenden Kernresonanz hat sich als ein außerordentlich wirksames Mittel zum Studium der Struktur organischer Moleküle aus der Lage, beispielsweise der Protonenresonanz, erwiesen, das heute bereits den älteren Methoden der IR- und Ramanspektroskopie gleichzuachten ist.

Abb. 2 Spektralanalytische Methoden

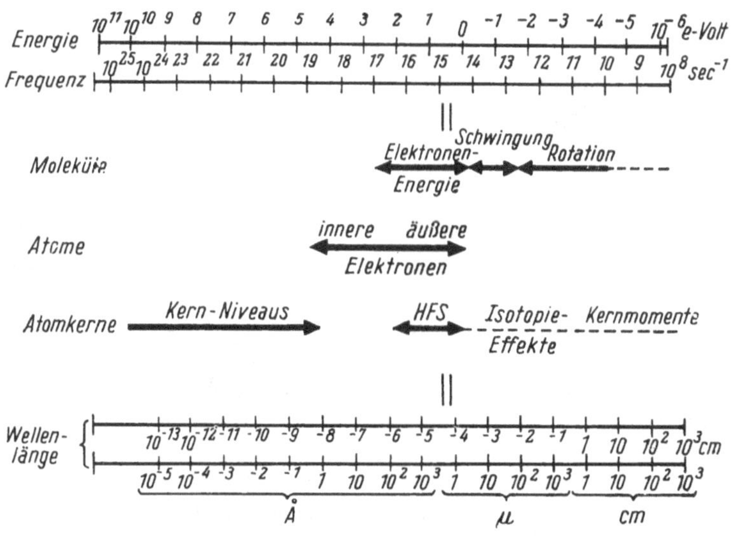

Die paramagnetische Resonanz schließlich erlaubt, aus der Absorption von Mikrowellenenergie durch feste Körper (Salze) mit Elementen der Übergangsgruppen oder Seltenen Erden, oder durch freie Radikale mit unpaaren Elektronen, sowohl das Vorhandensein der paramagnetischen Substanzen, wie, besonders bei Kristallen, die Eigenschaften ihrer Umgebung festzustellen. Besondere

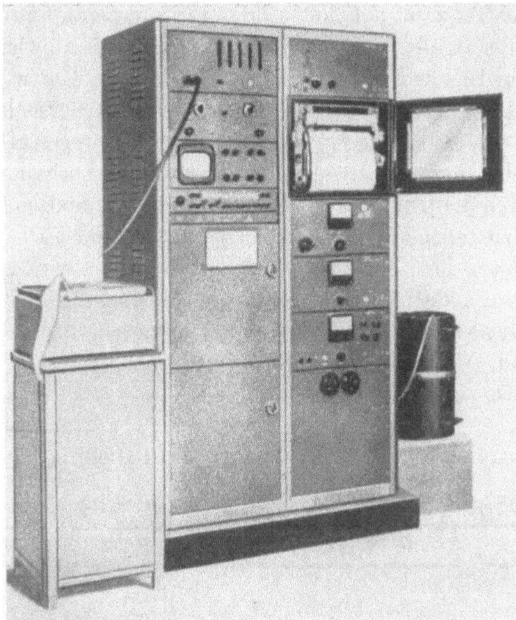

Abb. 3 256-Kanal-Diskriminator zur Beta-Gamma-Spektrometrie

Beachtung findet das Verfahren zur Untersuchung von Reaktionsabläufen, da auch geringe Konzentrationen nur intermediär auftretender Radikale erfaßbar sind. Hier ist besonders die Anwendung zur Untersuchung von Stoffwechselvorgängen im lebenden biologischen Gewebe zu erwähnen, die für die Biologie und Medizin, vielleicht besonders auch für die Krebsforschung, als sehr aussichtsreich anzusehen ist.

Gestatten Sie mir nun, einige Geräte und einige Meßresultate, die charakteristisch für den heute erreichten Stand der spektroskopischen Verfahren sein dürften, in wenigen Bildern zu zeigen.

Eine Übersicht der Verfahren zeigt in Abb. 2 zunächst eine abgewandelte Form der Abb. 1, das uns bei unserem Querschnitt durch die Spektroskopie begleitet hat.

Das Bild zeigt schematisch die Lage der wichtigsten Verfahren im Gesamtspektrum, und wir betrachten nun deren Geräte und einige charakteristische Ergebnisse technischer Analysen.

Die Abbildungen zeigen, wie sich die heute in der Praxis verwendeten Geräte aus den Apparaturen des physikalischen Laboratoriums, an denen die grundlegenden Prinzipien der Messung erarbeitet wurden, zu außerordentlich umfangreichen Anlagen mit weitgehender Automatisierung der Auswertung der Meßergebnisse entwickelt haben. Diese Automatisierung ist zunächst im Interesse einer Beschleunigung und Vereinfachung des Arbeitens entwickelt worden, also aus rein praktischen Gesichtspunkten. Es hat sich jedoch gezeigt, daß damit auch der wissenschaftlichen Untersuchung neue und verbesserte Arbeitsmöglichkeiten erschlossen werden: Bereits die einfache lückenlose Registrierung

Abb. 4 20-Kanal-Röntgenfluoreszenz-Spektrometer

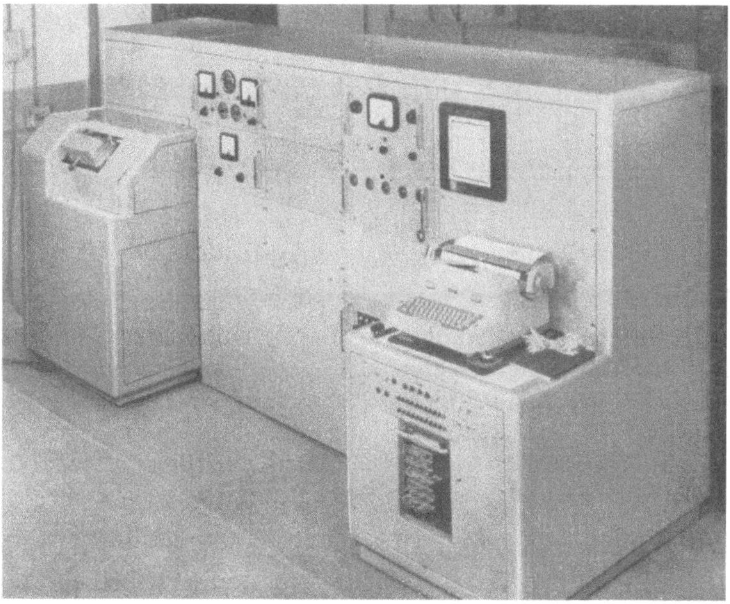

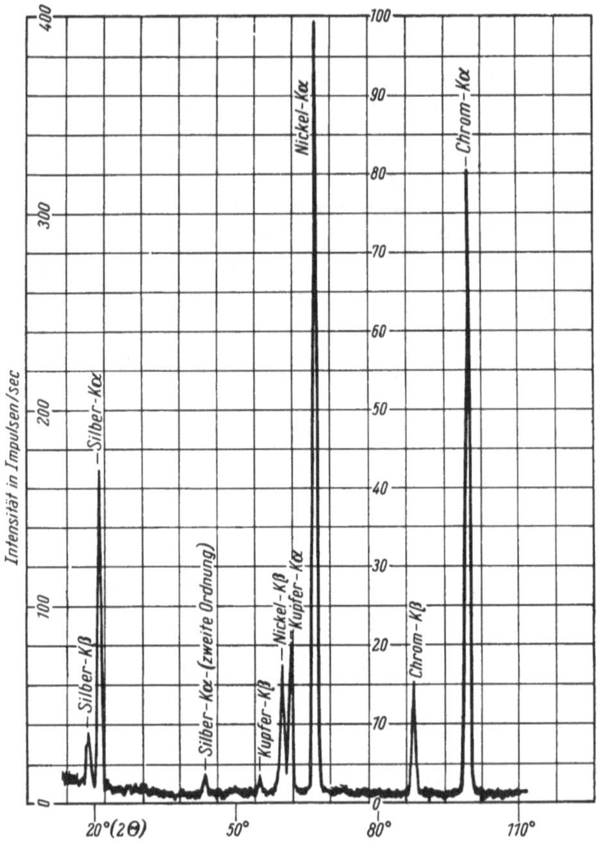

Abb. 5 Röntgen-Analyse einer hoch-warmfesten Legierung

eines Spektrums hat vor der punktweisen Ausmessung, außer der sehr merkbaren Zeitersparnis, den Vorteil aufzuweisen, daß die erhaltenen Kurven den gesamten Informationsinhalt, den die Anlage zu liefern vermag, lückenlos wiedergeben. Der wissenschaftlichen Auswertung steht damit das jeweils erreichbare Material zur Verfügung. Erst eine automatisierte Verarbeitung der erhaltenen Informationen wird jedoch erlauben, die Geräte wirklich vollständig auszunutzen. Hier dürfte die weitere apparative Entwicklung noch wichtige Beiträge liefern können.

In Abb. 3 ist ein Mehrkanal-Diskriminator (256 Kanäle) dargestellt, wie er zur Gamma- und Beta-Spektrometrie benutzt wird.

Als Maßstab für die erreichbare Analysenempfindlichkeit sei vermerkt, daß beispielsweise im Germanium-Dioxyd folgende Konzentrationen von Beimischungen bestimmt werden konnten: $1{,}5 \cdot 10^{-4}$ % As; $3{,}9 \cdot 10^{-5}$ % Na; $1{,}6 \cdot 10^{-6}$ % Cu.

Abb. 4 zeigt ein Röntgen-Fluoreszenz-Spektrometer (Hilger & Watts Ltd, London). Das weitgehend automatisierte Gerät gestattet, jeweils die Gehalte von 20 Elemente mit Atomgewichten von Magnesium ab in beliebigen Proben zu messen. Das Ergebnis wird in Ziffern in gedruckter Form erhalten. Derartige Anlagen sind besonders für die Analysen auf Komponenten mit hohen Konzentrationen geeignet und ergänzen die Verfahren der Emissions-Spektralanalyse.

Abb. 5 zeigt die Registrierung des Röntgen-Fluoreszenz-Spektrums einer hoch-warmfesten Legierung (nach N. G. L. Clark, in

Abb. 6 Gesamtansicht einer kompletten Anlage für Spektrochemische Analyse mit direkter Auswertung

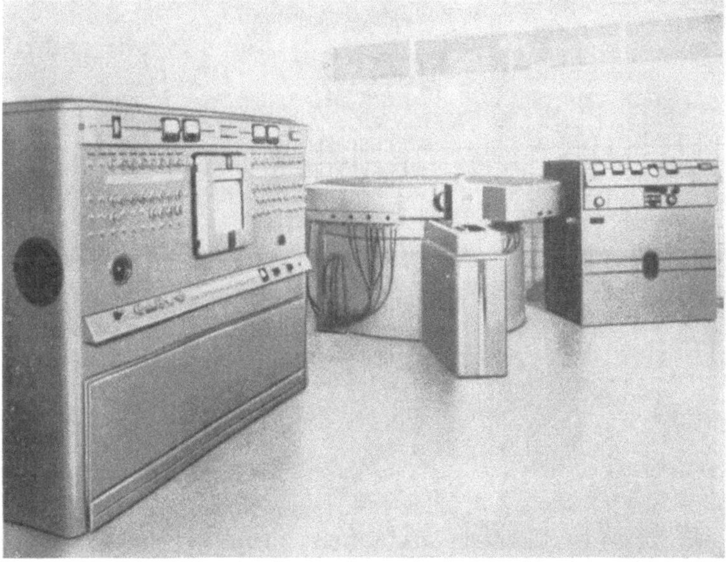

W. G. Berl, Physical methods in chemical analysis Bd. III. New York 1956) und gibt ein typisches Bild der erreichbaren Auflösung.

Abb. 6 stellt eine Anlage zur Analyse mit Hilfe eines großen Gitters (M. B. L. E. Macq. „Spectronic 200") dar, wie sie beispielsweise in Stahlwerken zur automatischen Stahlanalyse auf gleichzeitig 20 · · · 50 Elemente benutzt werden. Die große Schnelligkeit, für eine quantitative Analyse auf 50 Elemente werden nur wenige Minuten benötigt, stellt einen entscheidenden Fortschritt für die praktische Anwendung dar.

Die folgende Tabelle gibt die mit einer Anlage zur Vakuum-UV-Spektrometrie erhaltenen Analysenresultate eines Stahles bei der Analyse auf Kohlenstoff-Phosphor-Schwefel (Hilger, Fluorit-Polychromator). Die besonders schnelle Arbeitsweise erlaubt, die Schmelzzeiten beispielsweise bei Siemens-Martin-Öfen – unter

Abb. 7 Raman-Spektrograph

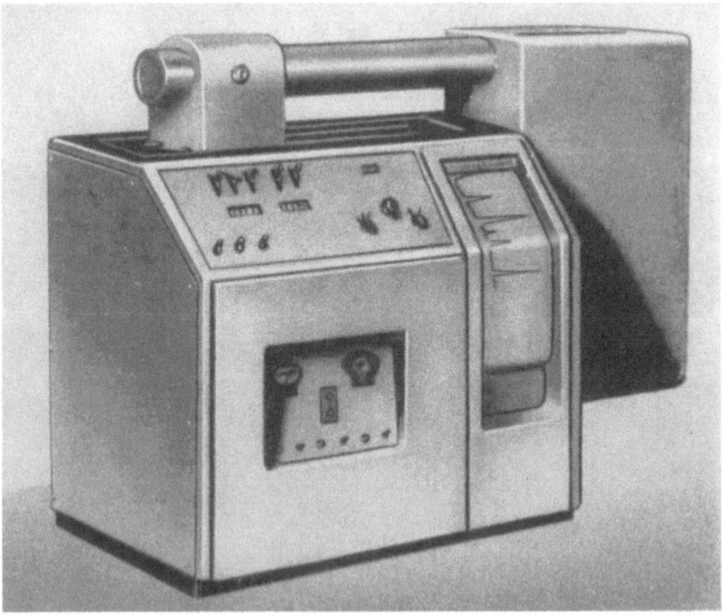

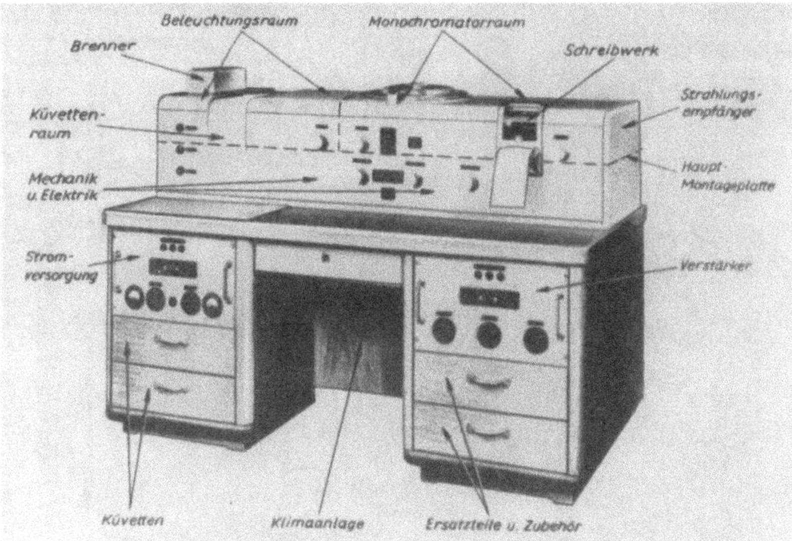

Abb. 8 UR-10-Infrarot-Spektrometer

gleichzeitiger Erhöhung der Stahlqualität – entscheidend zu verkürzen und die Produktivität entsprechend zu erhöhen.

Element	Konzentration %	Standard-Abweichung
Kohlenstoff	0.04	0.001
	0.08	0.002
	0.20	0.006
	0.50	0.008
	1.5	0.02
Phosphor	0.010	0.001
	0.025	0.002
	0.050	0.003
Schwefel	0.02	0.001
	0.04	0.002

Abb. 7 zeigt einen automatisierten Raman-Spektrographen (Cary, Applied Physics Corp; Mod. 81), bei dem das Raman-

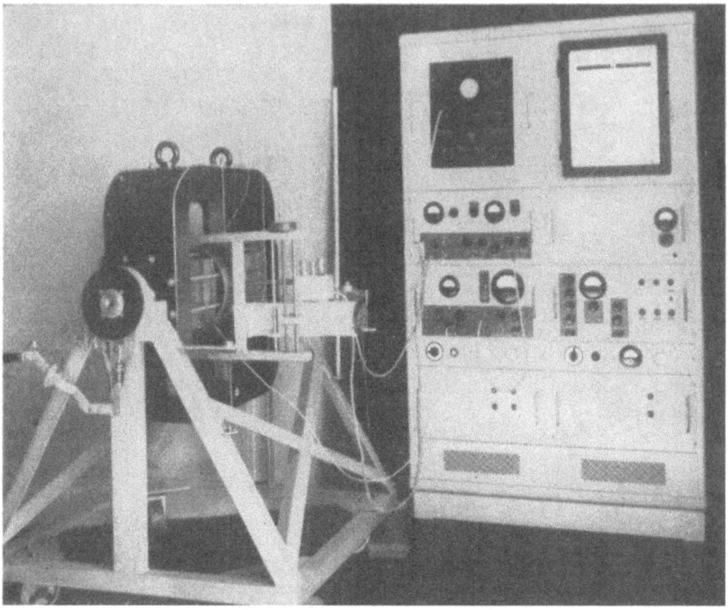

Abb. 9 Breitband-Kernresonanz-Spektrometer

spektrum unmittelbar über einen Sekundärelektronen-Vervielfacher registriert wird.

Abb. 8 gibt eine Ansicht des Infrarot-Spektralphotometers UR-10 des VEB Carl Zeiss, Jena als Beispiel eines modernen Forschungsgerätes für die IR-Spektroskopie.

Abb. 9 stellt eine Anlage zur Kernresonanz-Spektrometrie (Institut für Gerätebau der Deutschen Akademie der Wissenschaften zu Berlin) dar, das zur Aufnahme breitbandiger Spektren eingerichtet ist,

Abb. 10 eine damit erhaltene Aufnahme von NaBr, in der die für die Isotopen Na^{23}, Br^{81}, Br^{79} auftretenden Resonanzmaxima erkennbar sind. Das natürliche Isotopenverhältnis Br 81 : Br 79 beträgt nahezu 1 : 1 (49,43 : 50,57).

Abb. 11 schließlich zeigt ein Kernresonanzspektrum des Äthylalkohols mit den 3 Liniengruppen der 6 Protonen in den Bindungen CH_3-CH_2-OH, sowie die aufgelöste Feinstruktur innerhalb der Gruppen. (n. R. E. Richards, Conference on Molecular Spectroscopy London 1959).

Der heutige Stand der spektroskopischen Arbeit ist somit ausgezeichnet durch eine außerordentliche Vervollkommnung der verfügbaren Apparatur. Methoden, die vor ganz kurzer Zeit erst entdeckt und in den Prinzipien erforscht wurden, sind heute bereits Allgemeingut der Forschung und Technik. Ein solcher Fortschritt läßt sich nur erreichen, wenn *eine äußerst enge Verbindung von Theorie und Praxis erreicht und dauernd aufrechterhalten wird.* Gerade in der jetzigen Zeit, wo in unseren Ländern die äußersten Anstrengungen gemacht werden, um in gemeinsamer Arbeit die großen Programme des technischen Aufschwungs anzugreifen und durchzuführen, dürfen wir diese Beispiele der Gemeinschaftsarbeit

Abb. 10 Iosotopen-Analyse mit Kernresonanzen

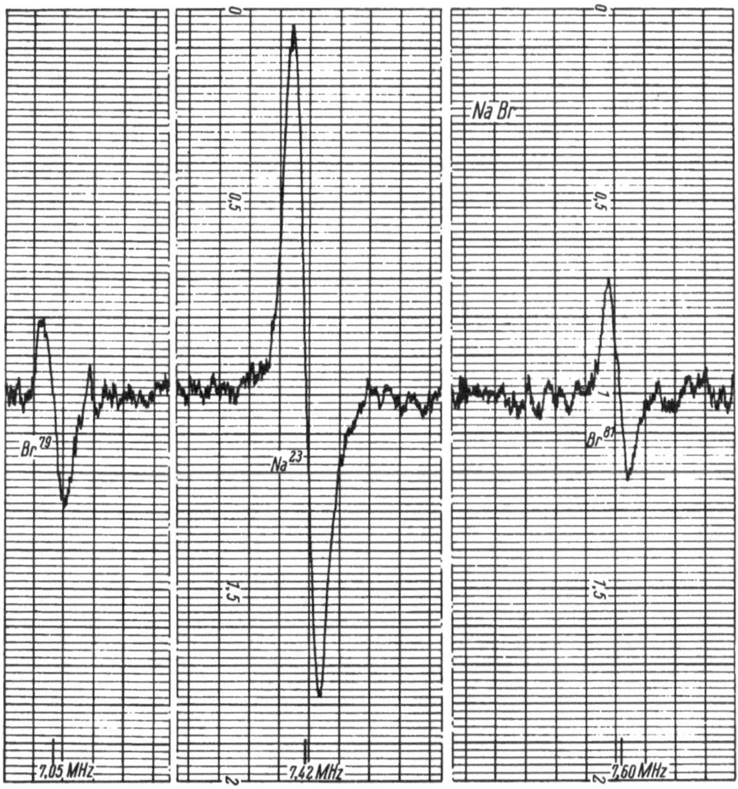

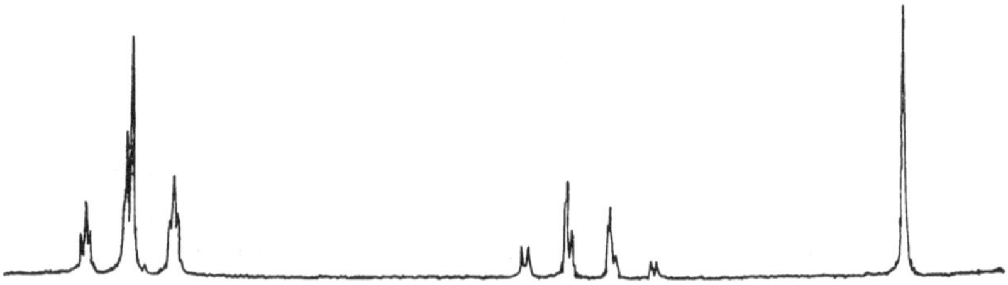

Abb. 11 Hochaufgelöstes Kernresonanzspektrum (CH_3CH_2CH)

von Forschung und Praxis in der Spektroskopie als eine besonders glückliche und erfolgreiche Lösung herausstellen.

Dieser gedrängte Überblick über die Ausdehnung der spektroskopischen Methoden auf den größten Teil des elektromagnetischen Spektrums zeigt, wie der Grundgedanke von Kirchhoff und Bunsen noch in seinen heutigen Auswirkungen einen der wirkungsvollsten Beiträge zur Erforschung der Struktur und Eigenschaften der atomaren Bausteine der Materie, sowie zur praktischen Beherrschung der Stoffe darstellt. Daß dabei Verfahren, die vor kaum mehr als 10 Jahren entdeckt wurden, heute schon eine äußerst wichtige Rolle spielen, ist uns ein Beweis dafür, daß diese so grundlegende Entdeckung auch nach 100 Jahren noch unverändert aktuell geblieben ist.

Schlußwort

Es war unsere Aufgabe, in dieser akademischen Feierstunde ein wenn auch unvollkommenes Bild aufzuzeichnen von der Bedeutung des Wissensgebietes, das wir umgrenzen können mit den beiden Begriffen Spektroskopie und Spektralanalyse und dabei des Forscherpaares zu gedenken, das uns durch ihr Wirken die Grundlagen dazu schenkte. Wir dürfen glauben, auch dem diesem Gebiete Fernerstehenden bewußter vor Augen geführt zu haben, daß das Wirken Bunsens und Kirchhoffs unserer Wissenschaft und unserer Technik markante Züge eingeprägt hat. Schließen wir diese Feierstunde mit dem Gedanken, daß es unserer Akademie zur Ehre gereicht, diese beiden Forscher in weiser Voraussicht des bleibenden Wertes ihrer wissenschaftlichen Leistungen zu ihren Mitgliedern gewählt zu haben. Darüberhinaus mögen diese Ausführungen im Sinne Ostwalds gewertet werden: „Es gibt kein wirksames Mittel zur Belebung und Vertiefung des Studiums einer Wissenschaft als das Eindringen in ihr geschichtliches Werden!“

(P. Görlich)

ERNST LAU / WOLFGANG KRUG

Die Äquidensitometrie

Grundlagen, Verfahren und Anwendungsgebiete

1957. VIII, 99 Seiten – 106 Abbildungen – gr. 8° – Ganzleinen DM 19.50

Die Begründer der Äquidensitometrie berichten in diesem Werk über den neuesten Stand der Entwicklung auf diesem Gebiet. Äquidensiten sind Linien oder Kurven gleicher Schwärzung auf der photographischen Platte, repräsentieren also die Isophoten bzw. Isoluxen, Isostilben oder dgl. am Objektiv. Die Äquidensitometrie ist eine automatische, kontinuierliche (nicht punktweise) zweidimensionale Photometrie, d. h. die Äquidensiten werden durch bestimmte photographische oder elektronische Prozesse in einem Arbeitsgang in beliebiger Schärfe aus dem Photogramm gewonnen. Das Verfahren bringt eine ganze Reihe neuer Auswertungsmöglichkeiten für die Analyse von Mikrophotogrammen, Profilbildern, Interferogrammen usw. und bedingt in allen diesen Fällen eine überraschende Steigerung der Meßgenauigkeit. Die bisherigen Anwendungsgebiete sind bereits recht zahlreich, dürften jedoch mit zunehmender Verbreitung des Verfahrens noch zahlreicher werden. Die hier erstmalig gegebene Zusammenfassung wird dem Wissenschaftler und Praktiker wertvoll sein, da das vieldiskutierte neue Meßverfahren in den Forschungs- und Industrielaboratorien eingeführt wird.

S. W. KRAWKOW

Das Farbensehen

(Übersetzung aus dem Russischen)

1954. XII, 168 Seiten – 66 Abbildungen, davon 3 vierfarbige Tafeln – 1 Kunstdrucktafel – gr. 8°
Ganzleinen DM 16,–

S. W. Krawkow geht in seiner Konzeption des Themas weit über den sonst üblichen Bereich hinaus. Außer den physikalischen, physiologischen und psychologischen Grundlagen des Farbensehens behandelt er die wechselseitigen Beziehungen zwischen Licht, Auge und Farbe. Die Dreikomponententheorie und die niedere und höhere Farbmetrik werden dargestellt und der Farbensehapparat des Menschen als eines der wichtigsten Mittel für die Erkenntnis der Umwelt herausgearbeitet. Die Funktion dieses Apparates läßt sich nur im Zusammenhang bzw. in den Wechselwirkungen mit den anderen Sinnesorganen und mit dem Gesamtorganismus unter Dominanz der Großhirnrinde erforschen und verstehen. Dazu bringt Krawkow seine und seiner Mitarbeiter sehr beachtlichen Forschungsergebnisse.

Bestellungen durch eine Buchhandlung erbeten

AKADEMIE-VERLAG · BERLIN

Fünf Vorträge über Spektroskopie

Gehalten auf der Arbeitstagung der Physikalischen Gesellschaft in der Deutschen Demokratischen Republik vom 14.–16. November 1957 in Jena

Herausgegeben im Auftrage der Physikalischen Gesellschaft in der Deutschen Demokratischen Republik

1958. 66 Seiten – 34 Abbildungen – gr. 8° – DM 11,50

Festkörperphysik und Physik der Leuchtstoffe

Tagung der Physikalischen Gesellschaft in der Deutschen Demokratischen Republik vom 20.–24. Oktober 1957 in Erfurt

Herausgegeben im Auftrage der Physikalischen Gesellschaft in der Deutschen Demokratischen Republik

1958. 322 Seiten – 287 Abbildungen – 23 Tabellen – gr. 8° – DM 48,–

Optik aller Wellenlängen

Tagungsbericht der Physikalischen Gesellschaft in der Deutschen Demokratischen Republik vom 2.–5. November 1958 in Jena

Herausgegeben im Auftrage der Physikalischen Gesellschaft in der Deutschen Demokratischen Republik von Prof. Dr. Paul Görlich

1959. 395 Seiten – 315 Abbildungen – gr. 8° – DM 75,–

Bestellungen durch eine Buchhandlung erbeten

AKADEMIE - VERLAG · BERLIN

FSC
www.fsc.org
MIX
Papier | Fördert
gute Waldnutzung
FSC® C083411

Zeitfracht Medien GmbH
Ferdinand-Jühlke-Straße 7
99095 Erfurt, Deutschland
produktsicherheit@kolibri360.de